『十三五』国家重点出版物出版规划项目

水库大坝安全管理丛书

水库大坝运行调度技术

SHUIKU DABA YUNXING DIAODU JISHU

何勇军 李 铮
徐海峰 李宏恩
周 宁 等◎编著

河海大学出版社
HOHAI UNIVERSITY PRESS
·南京·

内容简介

本书共6章，主要内容包括水库调度理论与方法、水库群联合调度、水库优化调度、水库调度规程编制、水库水情自动测报与洪水预报技术等。本书可供水利水电工程设计、施工、管理和其他工程技术人员参考，也可作为有关高等院校学生教材或水利行业培训教材。

图书在版编目(CIP)数据

水库大坝运行调度技术 / 何勇军等编著. — 南京 : 河海大学出版社，2019.10

(水库大坝安全管理丛书 / 孙金华，荆茂涛主编)

ISBN 978-7-5630-4345-3

Ⅰ. ①水… Ⅱ. ①何… Ⅲ. ①水库—大坝—安全管理—研究—中国 Ⅳ. ①TV698.2

中国版本图书馆 CIP 数据核字(2019)第 187294 号

水库大坝运行调度技术

丛书主编：孙金华　荆茂涛

本册作者：何勇军　等

责任编辑：成　微　张　媛

特约校对：葛　华　胡绪秀

装帧设计：槿容轩

河海大学出版社 **出版发行**

南京市西康路一号　邮政编码：210098　http：//www.hhup.com

电话：(025)83737852(总编室)　83787769(编辑室)　83722833(营销部)

南京布克文化发展有限公司排版

江苏农垦机关印刷厂有限公司印刷

江苏省新华发行集团有限公司经销

开本：787mm×1092mm　1/16　印张：10　字数：245 千字

版次：2019 年 10 月第 1 版　印次：2019 年 10 月第 1 次印刷

书号：ISBN 978-7-5630-4345-3

定价：58.00 元

《水库大坝安全管理丛书》编审委员会

主　编：孙金华　荆茂涛

副主编：盛金保　向　衍

编　委：（以姓氏笔画为序）

马福恒　王士军　王昭升　厉丹丹　刘六宴

刘成栋　杨正华　李宏恩　何勇军　谷艳昌

张士辰　张国栋　胡　江　彭雪辉　蒋金平

序 PREFACE

我国水资源短缺且时空分布不均，水旱灾害一直是影响中华民族发展的心腹之患。“兴水利、除水害”历来是治国安邦的大事。中华人民共和国成立70年来，党和国家始终把治水兴水摆在重要位置，取得了辉煌成就。我国目前已建9.8万余座水库大坝，是世界上拥有水库大坝最多的国家，也是世界上拥有100 m、200 m级以上高坝最多的国家，其中100 m以上高坝220座。目前世界上已建200 m级以上高坝77座，我国20座，占26%；在建200 m级以上高坝19座，我国12座，占63%。水库大坝调蓄江河、因势利导、善利万物，不仅是调控水资源时空分布、优化水资源配置的重要工程措施，也是江河防洪工程体系的重要组成部分，是生态环境改善不可分割的保障系统，承担着保障国家防洪安全、供水安全、粮食安全、能源安全、生态安全等重要功能，具有很强的公益性、基础性、战略性，在保障国家水安全和支撑绿色发展、生态文明建设、长江大保护、乡村振兴等战略中具有不可替代的基础性作用。确保水库大坝长效安全运行是国家战略需求，历来受到党和政府的高度重视。

多年来，通过全面落实水库大坝安全责任制、不断建立健全水库大坝安全管理法规与制度体系、大力推动水利管理体制改革、大规模开展病险水库除险加固工程建设、加强运行管理督查和应急管理等一系列扎实工作，我国水库大坝安全管理规范化、制度化、信息化进程不断加快，大坝安全状况与管理条件得到根本性改善，安全管理与保障水平大幅度提升。

党的十九大提出我国进入中国特色社会主义新时代，我国发展的新的历史方位和社会主要矛盾的转变，对水库大坝安全管理赋予了新的内涵，提出了新的更高要求。

2014年3月，习近平总书记在中央财经领导小组专题研究水安全问题的会议上指出，我国水资源时空分布不均及水旱灾害突出等老问题仍有待解决，水资源短缺、水生态损害、水环境污染等新问题越来越突出，明确提出“节水优先、空间均衡、系统治理、两手发力”的新时期治水思路，赋予了新时代治水的新内涵、新要求、新任务，为强化水治理、保障水安全指明了方向，也为新形势下做好水库大坝安全管理工作指明了方向。

2018年10月，中央财经委员会第三次会议强调，防灾减灾与安全要建立高效科学的自然灾害防治体系，提高全社会自然灾害防治能力，为保护人民群众生命财产安全和国家安全提供有力保障。要针对关键领域和薄弱环节，推动建设若干重点工程。要实施灾害风险调查和重点隐患排查工程，掌握风险隐患底数；实施防汛抗旱水利提升工程，完善防洪抗旱工程体系；实施应急救援中心建设工程，建设若干区域性应急救援中心；实施自然灾害监测预警信息化工程，提高多灾种和灾害链综合监测、风险早期识别和预报预警能力；实施自然灾害防治技术装备现代化工程，加大关键技术攻关力度，提高我国救援队伍专业化技术装备水平。水库大坝既是自然灾害防治工程体系不可或缺的组成部分，在遭遇地震、暴雨洪水等重大自然灾害时，大坝自身也可能成为自然灾害次生灾害的载体和重大风险源，2008年四川“5·12”汶川特大地震中，2 400余座水库大坝出现震损险情，其中坝高156 m的紫坪铺水库面板堆石坝产生明显沉降和水平位移，面板接缝错位、止水撕裂，举国关注；2018年汛期，内蒙古增隆昌水库、新疆射月沟水库因超标准洪水溃坝，其中射月沟水库造成严重人员伤亡。因此，水库大坝风险识别、监测预警与应急处置也是国家自然灾害防治体系建设的重点环节和重要任务。

2019年全国水利工作会议指出，我国治水的主要矛盾已经发生深刻变化，从人民群众对除水害兴水利的需求与水利工程能力不足的矛盾，转变为人民群众对水资源水生态水环境的需求与水利行业监管能力不足的矛盾。要清醒认识治水主要矛盾的深刻变化，加快转变治水思路和方式，将工作重心转到“水利工程补短板、水利行业强监管”上来，这是当前和今后一个时期水利改革发展的总基调。水库大坝安全面临从加强工程建设向关注运行管理、风险防控、功能提升、资源优化、环境保护、生态修复和支撑可持续发展等方向转变。

面对我国治水主要矛盾的深刻变化，面对人民日益增长的对美好生活的追求，面对绿色发展、政府职能转变和社会公众广泛参与等新的要求，面对新形势对水库大坝安全管理赋予的新内涵，我国水库大坝安全运行管理和保障仍然面临体制机制不顺，投入不足，管理制度和技术标准不够完善，特别是小型水库管理基础薄弱；工程建设先天不足，老化、性能劣化、淤积等影响大坝长效安全运行的问题日显突出，维修养护及病险水库除险科学决策机制尚未形成；地震、极端暴雨、特大洪水等极端事件频度和强度增加，大坝风险管理体系尚未建立，突发事件应急保障能力仍然不足；高坝大库深水检测与修补加固技术和装备自主创新研发、现代高新技术应用不足等一系列挑战和短板。水库大坝安全事关国运安危、人民福祉，是百年大计、千年大计，要始终坚持“问题导向、安全第一、压实责任、注重实效”的原则，通过理念创新、技术创新、管理创新，扎实做好水库大坝安全管理与保障各项工作，主动化解水库大坝各种潜在安全风险，使每一座水库大坝成为党和政府以及社会与公众的放心工程。

水利部大坝安全管理中心作为归口管理全国水库大坝安全的专业技术支撑机构，多年来围绕水利中心工作，服务全国水库大坝安全行业管理，在水库大坝管理法规与技术标准建设、突发事件调查与应急处置、先进实用技术推广与示范应用、国内外学术交流、行业人才培训和能力建设、基础性前瞻性科学研究等方面开展了卓有成效的工作，取得丰硕成果，主持完成的“十一五”科技支撑计划项目“水库大坝安全保障关键技术与应用”成果获得2015年国家科技进步一等奖，为保障全国水库大坝安全运行提供了强有力的技术支撑。大坝中心的科技骨干针对新形势下水库大坝安全管理实践需求，总结多年来的行业管理、技术开发与推广应用、科学研究、学术交流等成果和经验，编写了《水库大坝安全管理丛书》，分别为《水库大坝风险及其评估与管理》《水库大坝主要安全隐患挖掘与处置技术》《水库大坝安全监控与信息化》《水库大坝安全评价》《水库大坝运行调度技术》《水库大坝安全管理法规和标准实用指南》。本丛书可作为水库运行管理人员的岗位培训教材，可供水利水电工程设计、施工、管理和相关工程技术人员使用，也可供有关高等院校师生参考。

希望本丛书的出版对进一步促进我国水库大坝安全管理法规制度与技术标准建设，推动大坝风险管理理念和技术以及大坝安全监控与信息化技术普及与应用，提高水库大坝安全管理规范化、现代化水平，切实保障水库大坝安全运行，提高水资源利用和保障能力发挥积极作用。是为序！

《水库大坝安全管理丛书》编委会

2019年10月于南京

前言 PREFACE

为了防洪和水资源利用，我国兴建了大量的水库大坝，这些工程在我国的国民经济建设中发挥了巨大的作用。根据《中国水利年鉴》(2018)，中国库容为10万m^3及以上的水库共有98 795座，总库容9 035亿m^3。其中，大型水库732座，总库容7 210亿m^3；中型水库3 934座，总库容1 117亿m^3；小型水库94 129座，总库容709亿m^3。

水库可以有许多不同的利用方式，会带来不同的效益，特别是具有多功能的综合利用水库，存在着防洪与兴利之间的矛盾，各兴利用水之间也存在矛盾。比如，具有发电功能的水库，为了提高发电效益，应尽量提高水库水位，减少弃水，但这将对防洪不利。要处理好这些矛盾，提高水库的综合效益，就要对水库进行科学运用。

水库调度是利用水库的调蓄能力，按一定规则对入库径流进行蓄泄的过程。水库调度是一种控制运用水库的技术管理方法，是根据各用水部门的合理需要，参照水库每年蓄水情况与预测的可能天然来水及含沙情况，有计划地合理控制水库在各个时期的蓄水和放水过程，即控制其水位升、降过程。水库调度是保障水库安全，充分发挥综合效益的重要环节。

本书是在作者多年从事水库大坝安全管理研究工作的基础上，参考大量相关文献和资料编写的，主要内容包括水库调度理论与方法、水库群联合调度、水库优化调度、水库调度规程编制、水库水情自动测报与洪水预报技术等。本书可作为从事水库大坝安全管理人员的培训教材和参考书。

全书共分6章，第1章由何勇军、李宏恩编写，第2、4章由何勇军、李媛编写，第3章由李铮、吴昕馨编写，第5章由徐海峰编写，第6章由何勇军、周宁编写，全书由何勇军统稿。

本书编写过程中，参阅并引用了大量科技文献和资料，由于篇幅所限，未能逐一列出，特向有关作者诚表谢意。本书得到了国家重点研发计划项目(2017YFC0405006，2016YFC0401809)和国家自然科学基金项目(51579154)资助，特表示感谢！

限于编著者的水平，书中不妥之处，恳请读者批评指正。

目录 CONTETNS

第1章
概　述

1.1　水库调度的概念

水库调度是利用水库的调蓄能力，按一定规则对入库径流进行蓄泄的过程。水库调度是一种控制运用水库的技术管理方法，是根据各用水部门的合理需要，参照水库每年蓄水情况与预测的可能天然来水及含沙情况，有计划地合理控制水库在各个时期的蓄水和放水过程，即控制其水位升、降过程。水库调度是保障水库安全，充分发挥综合效益的重要环节。

水库调度的基本原则是根据水库设计确定的任务、参数、指标及有关运用原则，在保证枢纽工程安全的前提下，充分发挥水库的综合利用效益。

按照水库调度的目标不同，水库调度可分为防洪调度、兴利调度和应急调度。水库防洪调度是在确保水库工程自身安全的前提下，按照设计的防洪库容和下游区域防汛状况，及时拦蓄洪水，削减洪峰，减少或免除下游洪水灾害。水库兴利调度是指按照一定规则重新分配入库径流，以满足各用水需求的过程。应急调度是根据预测预警或突发事件状态采取的控制危险源的主要措施，对可能溃坝事件采取紧急泄水和控制来水可有效降低溃坝发生的可能性，或延缓溃坝发生，为其他应急措施争取时间；对水质污染事件采取控制供水、调水稀释等可防止污染范围的扩大或危害程度的加重。

1.2　水库调度的意义

为了防洪和水资源利用，我国修建了大量的水库大坝，这些工程在我国的国民经济建设中发挥了巨大的作用。根据《中国水利年鉴》(2018)，中国库容为10万m^3及以上的水库共有98 795座，总库容9 035亿m^3。其中，大型水库732座，总库容7 210亿m^3；中型水库3 934座，总库容1 117亿m^3；小型水库94 129座，总库容709亿m^3。

水库可以有许多不同的利用方式，会带来不同的效益，特别是具有多功能的综合利用水库，存在着防洪与兴利之间的矛盾，各兴利用水之间也存在矛盾。比如，具有发电功能的水库，为了提高发电效益，应尽量提高水库水位，减少弃水，但这将对防洪不利。要处理好这些矛盾，提高水库的综合效益，就要对水库进行科学运用。

水库调度的目的，是根据水库的设计功能和标准，充分利用水库调节库容，在满足工程安全的前提下，选用最优调度运用方案，妥善处理蓄泄关系，合理调度水资源，最大限度地发挥水库的防洪兴利作用，提高水资源的综合利用效益。

水库调度实践表明，合理的水库调度，能很好地解决防洪与兴利之间的矛盾，充分利用水库库容，发挥最大综合效益。

1991 年 6 月底至 7 月上旬，大别山区连降暴雨，淮河干流（以下或简称“淮干”）防洪任务十分紧张。6 月 30 日至 7 月 12 日正当淮河干流第二次洪峰进入安徽省时，大别山区也连降大雨、暴雨和特大暴雨。佛子岭、磨子潭、响洪甸、梅山四座水库上游流域平均雨量达 837～860 mm，其中最大三日面雨量为 370～479 mm。7 月 6 日佛、磨、响、梅四库蓄水位分别超过汛限水位，佛、响、梅三库总泄量 1 840 m^3/s。当淮河上游洪水向中游推进，7 日王家坝闸再次行洪后，淮北大堤、正南淮堤和城西湖蓄洪大堤等重要堤防已多次出现严重险情，并且两面临水。如不能及时控制正阳关迅速上涨的水势，将严重影响淮河防洪安全的大局。根据当时汛情，安徽省防汛指挥部（以下或简称“防指”）制定了调度方案：除采用分洪、增加行洪区行洪和扩大行洪口门外，同时控制响、梅两库的泄量。梅山水库 7 日至 8 日为淮干错峰关闭泄洪洞 47 h，响洪甸水库 7 日至 9 日为淮干错峰关闭泄洪洞 83 h。7 月 8 日至 9 日四库上游又普降暴雨和特大暴雨，9 日和 10 日梅、响两库为淮干蓄洪库容已基本用足，这时预报梅山水库水位将超过 136.46 m，距坝顶只有 3.71 m，仅剩 3 亿 m^3 库容。梅山水库连拱坝基在 1963 年发生位移后，坝体曾受损，加固以后没有承受过较高水位考验。10 日佛子岭水库水位猛涨，17:39 库水位达 125.24 m，离坝顶只有 4.72 m，还剩库容 1.0 亿 m^3，如按不漫溢洪道闸门顶控制泄洪，则只能再容蓄 150 mm 的面雨量。综合分析，佛子岭水库只有千年一遇的防洪能力，库区正在降大暴雨，气象预报大别山区 10 日晚至 11 日仍有强降雨。这时确保水库大坝安全已成为战胜暴雨洪水的首要任务。根据水库运用办法，结合当时雨情、水情，安徽省防汛指挥部研究决定：(1)10 日 16:00 左右佛子岭库溢洪道闸门控制开度，使之门顶不溢流，19:00 溢洪道闸门敞开泄洪。(2)考虑响库库容较大，暂缓开泄洪洞。待佛库下泄洪峰过淠河横排头再开启响库泄洪洞。(3)暂缓开启磨库泄洪洞和溢洪道，以减轻佛库的洪水压力，减少其泄洪流量。(4)梅库关泄洪洞开启溢洪道，适当控制下泄流量，视雨情、水情变化再开启泄洪洞。实践证明上述调度决策是及时的、科学的。这次暴雨，佛、磨、响、梅四库流域内共产水 46.9 亿 m^3，水库滞蓄洪水 19.9 亿 m^3，对削减淠史河和淮干洪峰起了重要作用。经水库调洪、削峰、错峰后，淠河横排头 7 月 11 日的最高水位 55.82 m，最大流量 5 600 m^3/s。与 1969 年相比，1991 年佛、磨、响、梅四库上游和下游区间的 3 d 面雨量都比 1969 年大，而横排头最大流量比 1969 年的 6 420 m^3/s 减少了 820 m^3/s，水位降低了 0.22 m。在“91·7”暴雨洪水中，防汛部门科学调度佛、磨、响、梅四库，使水库发挥出最大防洪效益。

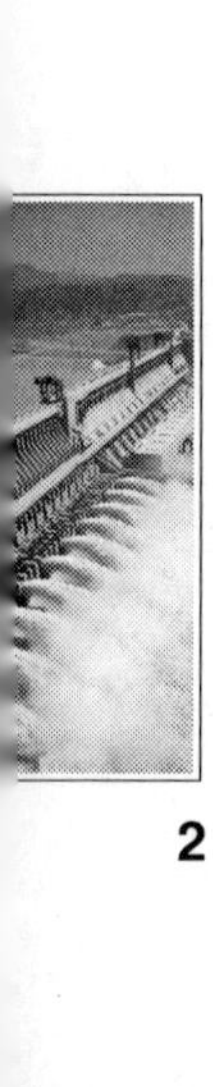

1998 年 6 月 24 日 6:00 陈村水库水位从 115.04 m 起涨，此时蓄水位比汛限水位 117 m 低 1.96 m，腾出蓄洪库容 1.77 亿 m^3。当 25 日第一次强降水后，水库水文自动测报系统将雨水情传至陈村电站调度中心，同日 20:00 省防指办公室（以下或简称“省防办”）根据当时已降雨 111.6 mm，预报库水位将要超过 117 m 时，通知水库预泄。20:30 库水位达到 116.37 m 时开启中孔，加上三台机组发电，下泄流量接近 1 000 m^3/s，26 日 0:00 库水位达 117 m。在 26 日第二次强降雨不久，预报库水位将超过 119 m。省防办在掌握了水库上、下游雨水情，并征求了下游宣城、芜湖市防汛部门意见后，当即决定再次提前全开溢洪道泄洪，

26 日 7:55 库水位 118.56 m 时全开溢洪道，下泄流量共 2 000 m^3/s。同日 11:30 以建库以来最大入库洪峰流量 11 060 m^3/s 入库，18:59 出现建库以来第二高水位 119.93 m，最大下泄流量 2 850 m^3/s。27 日 14:30 库水位降至 119 m，29 日 4:55 库水位降至117 m，关闭了溢洪道，此时入库流量 370 m^3/s，下泄流量 990 m^3/s；同日 22:55 库水位 116.5 m 时关闭中孔，仅三台机组发电放水，“98・6”洪水调度结束。由于水库提前泄水，腾出较多的蓄洪库容，削减洪峰 74.2%，蓄洪量 4.6 亿 m^3，占洪水总量 8.59 亿 m^3 的 54.1 %。

1998 年 7 月，江西上饶地区玉山县境内的七一水库上游流域普降暴雨，形成了百年未遇的特大洪水，在保证大坝安全的前提下，调度人员科学调度，提高了水库蓄水位，使下泄洪量由原定的 1 500 m^3/s 减少到 1 192 m^3/s，保证了下游 4.2 万人口、1.2 万多间房屋、1.8 万亩①农田、2.1 km 河堤和 700 多亩鳗鱼池的安全，减少直接经济损失 1 亿多元，间接社会效益达 10 亿元以上。

但历史上也有因水库调度失误造成严重损失的案例。某水库总库容 400 万 m^3。2010 年 7 月 27—29 日，连续受三个华北气旋影响，水库流域遭受强降雨袭击，流域平均降雨达 93.4 mm。7 月 28 日早 6:00，该水库因洪水漫顶发生溃坝，据审定最大溃坝流量达 5 800 m^3/s，400 万 m^3 库容化作洪水，造成 9 人死亡、29 人失踪的严重灾难。根据初步掌握的资料，该水库溃决并造成重大生命损失的主要原因是疏于管理和应急处置不当，具体体现在如下两方面：一是水库管理人员思想麻痹，未严格执行防汛值班与巡查制度，没能及时发现库水位持续上涨，造成闸门因门顶溢流无法开启；二是当地政府和水利局在凌晨 3:00 接到险情报告时，未能采取有效应急处置措施，凌晨 6:00 才通知村民撤离，贻误了人员撤离良机。这是典型的水库调度与管理失误事故案例。

从上面的实例可以看出，水库调度关系重大，只有充分利用科学手段，合理调度，水库才能发挥防洪、兴利效益；反之，则会造成不可估量的生命财产和经济损失。所以水库调度是保障水库安全，充分发挥综合效益的重要环节，水库调度意义重大。

1.3 水库调度的任务

河川径流在时间和空间上分布不均，往往难以满足用水部门的需求。修建水库等蓄水工程的目的就是调控河川径流，满足用水需要。一般来说，天然的水文情况是多变的，难以准确掌握，这就给水库调度带来了一定的困难。比如，单从防洪安全的角度出发，水库在整个汛期应留出全部库容用于洪水调节，可最大限度地保障水库和下游的防洪安全。可这样会造成水库蓄水不够，无法满足用水需求，得不到最大综合效益。如若单从提高兴利效益出发，将水库水位蓄得很高，再出现大洪水时，就会造成水库大坝和下游的防洪安全问题，这就是水库安全和蓄水的矛盾。

要处理好水库安全与蓄水的矛盾，就必须对水库进行科学合理的调度。水库调度的任务就是在确保大坝安全的前提下，通过控制和重新分配河川径流，调节和改变径流的天然状态，以适应各用水部门的需要，达到兴利除害的目的。

① 中国市制面积单位，1 亩≈666.7 平方米(m^2)。

（1）防洪调度的任务：在发生设计或校核洪水时确保水库大坝安全，在发生下游防洪标准洪水时，确保下游的防洪安全，合理解决防洪与兴利的矛盾。

（2）兴利调度的任务：根据水库开发目标，合理调配天然来水，充分发挥水库的综合利用效益。

1.4 水库的特性参数

1.4.1 特征水位和库容

1. 死水位和死库容

水库实际运用中的允许最低水位称为死水位，又称设计低水位，死水位是水库运行的下限消落水位。确定死水位的目的：首先是保证水库有足够的、发挥正常效用的使用年限，主要是考虑水库运行以后泥沙淤积的需要；其次，对于水电站或自流灌溉的水库，是为了保证发电所需要的最低水头和自流灌溉必需的引水高程；对于有库区航运要求的水库，也是为了保证维持最低航运水深。

死水位以下的库容称为死库容。

日调节水库在枯水季节水位变化较大，每 24 h 内将有一次消落到死水位。年调节水库一般在设计枯水年供水期末才消落到死水位。多年调节水库只在多年的枯水段末才消落到死水位。

2. 正常蓄水位和兴利库容

正常蓄水位是水库在正常运用情况下，为满足兴利要求应在开始供水时蓄到的水位，又称正常高水位、兴利蓄水位，或设计蓄水位。它决定水库的规模、效益和调节方式，也在很大程度上决定水工建筑物的尺寸、型式和水库的淹没损失，是水库最重要的一项特征水位。当采用无闸门控制的泄洪建筑物时，它与泄洪堰顶高程相同；当采用有闸门控制的泄洪建筑物时，它是闸门关闭时允许长期维持的最高蓄水位，也是挡水建筑物稳定计算的主要依据。

水库正常蓄水位与死水位之间的变幅称为水库工作深度或消落深度。

正常蓄水位到死水位之间的库容称为兴利库容，是水库实际可用于径流调节的库容。

3. 防洪限制水位和防洪最高水位

防洪限制水位是水库在汛期允许蓄水的上限水位，也是水库在汛期防洪运用时的起调水位。防洪限制水位的拟定，关系到防洪和兴利的结合问题，具体研究时要兼顾两方面的需要。如汛期内不同时段的洪水特性有明显差别时，可考虑分期采用不同的防洪限制水位。

防洪高水位是指当水库遇到下游防护对象的设计标准洪水时，在坝前达到的最高水位。只有当水库承担下游防洪任务时，才需确定这一水位。此水位可采用相应下游防洪标准的各种典型洪水，按拟定的防洪调度方式，自防洪限制水位开始进行水库调洪计算求得。

防洪限制水位与防洪高水位之间的库容称为防洪库容，当有不同时期防洪限制水位时，防洪库容指最低的防洪限制水位与防洪高水位之间的库容。

4. 设计洪水位和拦洪库容

水库遇到大坝的设计标准洪水时，在坝前达到的最高水位。它是水库在正常运用情况下允许达到的最高水位，也是挡水建筑物稳定计算的主要依据。可采用相应大坝设计标准的各种典型洪水，按拟定的调洪方式，自防洪限制水位开始进行调洪计算求得。防洪限制水位与设计洪水位之间的库容称为拦洪库容。

5. 校核洪水位和调洪库容

校核洪水位指水库遇到大坝的校核标准洪水时，在坝前达到的最高水位。它是水库在非常运用情况下，允许临时达到的最高洪水位，是确定大坝坝顶高程及进行大坝安全校核的主要依据。此水位可采用相应大坝校核标准的各种典型洪水，按拟定的调洪方式，自防洪限制水位开始进行调洪计算求得。防洪限制水位与校核洪水位之间的库容称为调洪库容。

总库容为校核洪水位以下的全部库容。校核洪水位加上一定的风浪加高和安全超高，即为水库大坝的坝顶高程。

水库的特征水位和库容示意图如图 1.4-1 所示。

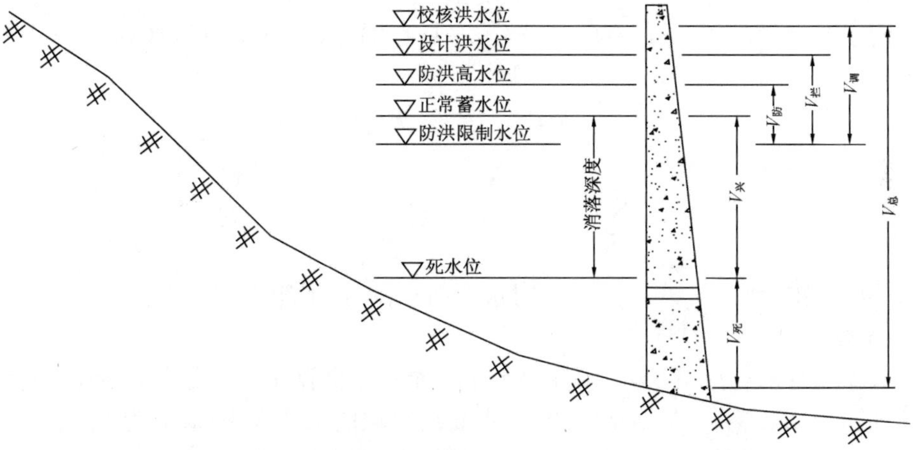

$V_{死}$—死库容；$V_{兴}$—兴利库容；$V_{防}$—防洪库容；$V_{拦}$—拦洪库容；$V_{调}$—调洪库容；$V_{总}$—总库容

图 1.4-1　水库特征水位和库容示意图

1.4.2　水库特性曲线

水库特性曲线主要包括水库水面面积曲线和库容曲线。水库不同坝前水位与水库容积之间的关系曲线称为库容曲线，水库库容曲线分为静库容曲线和动库容曲线。

1. 水库水面面积曲线

水库不同水位与该水位时水面面积之间的关系曲线称为水库水面面积曲线。绘制水位-水面面积曲线，一般用求积仪在库区地形图上量测出不同等高线与坝轴线围成的面积 $A_1, A_2, \cdots$、A_n，然后以水位为纵坐标，水库水面面积为横坐标，绘出水位-水面面积曲线，见图 1.4-2。

2. 静库容曲线

静库容曲线是假设库内流速趋近于零，库水面为水平状态下的水位-容积曲线。库容曲线是水位-面积曲线的积分，见图 1.4-2，可用式(1.4-1)表示：

$$V = \int_{h_0}^{h_1} A \mathrm{d} H \qquad (1.4\text{-}1)$$

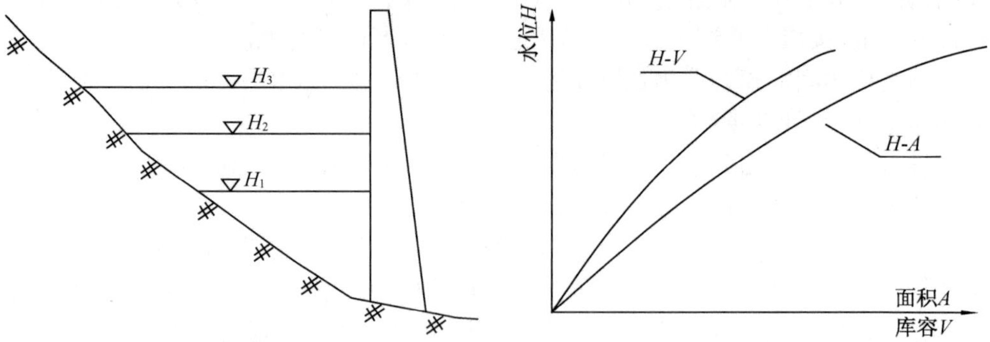

图 1.4-2 水库水位-水面面积、水位-静库容曲线示意图

式中：V 为水库库容；A 为水面面积；H 为水位。

为了便于实际中操作，常用有限差分公式(1.4-2)或(1.4-3)进行计算：

$$V = \sum_{H_0}^{H_1} \overline{A}\Delta H,\ \overline{A} = \frac{1}{2}(A_{上} + A_{下}) \tag{1.4-2}$$

$$V = \sum_{H_0}^{H_1} \frac{1}{3}(A_{上} + \sqrt{A_{上}\ A_{下}} + A_{下})\Delta H \tag{1.4-3}$$

式中：ΔH 为水层厚度；$A_{上}$、$A_{下}$ 为上、下层水面面积；$\overline{A}$ 为平均水面面积。

3. 动库容曲线

由于水库随时都有流量汇入，水库沿河道各个过水断面都有一定的流量，因而以坝前为起点，沿河道向上形成了一条回水曲线，回水曲线与坝前水位水平面间就形成了一个楔形库容，见图 1.4-3，楔形库容与坝前水位、库区地形、入库流量和出库流量有关。这个楔形库容加上坝前水位下的静库容，即为水库的动库容。

动库容曲线的绘制方法如下：

(1) 根据水文资料及工程情况，拟定入库流量的范围及坝前水位的变化幅度。

(2) 根据库区地形特点，将库区划分为若干库段，见图 1.4-4。

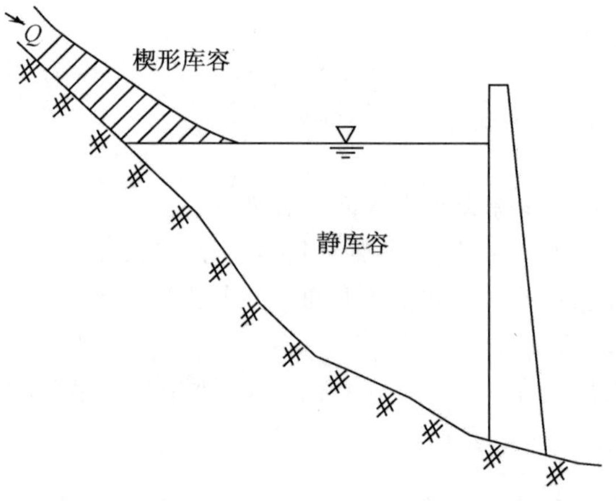

图 1.4-3 动库容示意图

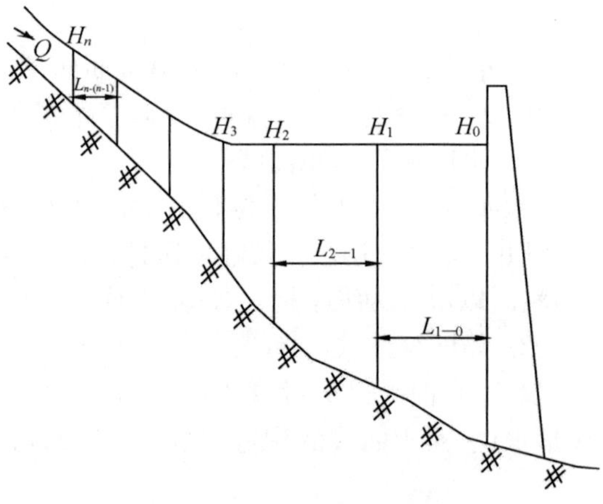

图 1.4-4 库段划分示意图

(3) 假定不同的坝前水位、入库流量，按水力学方法绘制不同坝前水位、不同入库流量情况下的回水曲线。

(4) 绘制各断面的水位-面积关系曲线 $H=f(A)$。A 为过水断面面积，见图 1.4-5。

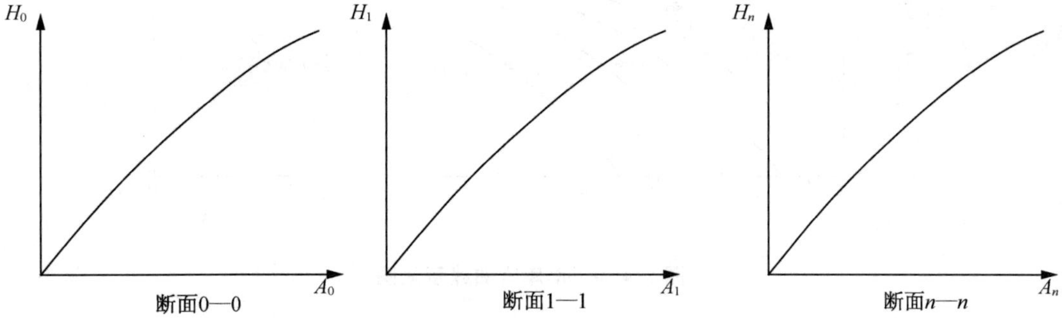

图 1.4-5 各断面水位-面积曲线示意图

(5) 对应于某一坝前水位 H_i，从回水曲线中找出各断面的水位 $H_{0-i}, H_{1-i}, \cdots, H_{n-i}$，并查出其相应的断面面积 $A_{0-i}, A_{1-i}, \cdots, A_{n-i}$。

(6) 查出相应于该坝前水位 H_i 下各断面的静水面积 $A'_{0-i}, A'_{1-i}, \cdots, A'_{n-i}$。

(7) 计算各断面的面积增值：

$$\begin{aligned} \Delta A_0 &= A_{0-i} - A'_{0-i} \\ \Delta A_1 &= A_{1-i} - A'_{1-i} \\ &\vdots \\ \Delta A_n &= A_{n-i} - A'_{n-i} \end{aligned} \tag{1.4-4}$$

(8) 计算楔形体的容积：

$$V_{楔} = \frac{\Delta A_0 + \Delta A_1}{2} \cdot L_{0-1} + \frac{\Delta A_1 + \Delta A_2}{2} \cdot L_{1-2} + \cdots + \frac{\Delta A_{n-1} + \Delta A_n}{2} \cdot L_{(n-1)-n} \tag{1.4-5}$$

(9) 根据坝前水位查静库容曲线得出相应的静库容 $V_{静}$。

(10) 求出动库容 $V_{动} = V_{静} + V_{楔}$。

$V_{动}$ 即为某一坝前水位在某一入库流量下的动库容。依此类推，根据若干拟定的坝前水位，入库流量及其相应的回水曲线，可得出若干相应的动库容。以坝前水位为纵坐标，动库容为横坐标，以入库流量为参数，即可绘出库容曲线，见图 1.4-6。

1.4.3 水库水量损失

水库建成后，流入水库的天然径流中，一部分将被蒸发掉，还有一部分将会通过坝体、坝基等部位渗漏到水库下游。

(1) 蒸发损失

水库的蒸发损失是指水库建成后，由于库区内原来陆地面积形成了水面面积而多蒸发掉的那部分水量。所以，水库蒸发损失是水面蒸发量减去陆面蒸发量的差值，见式(1.4-6)。

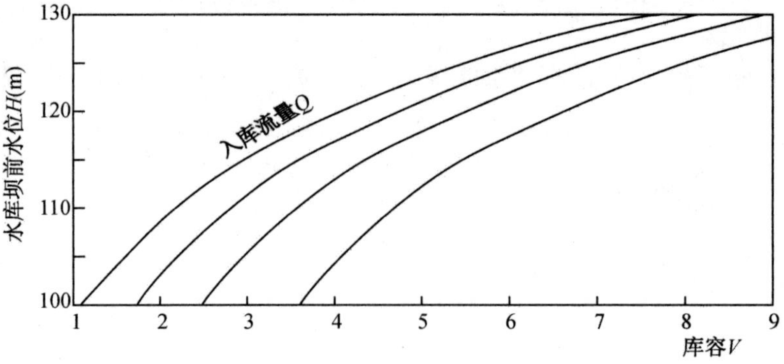

图 1.4-6　动库容曲线示意图

$$\Delta W = (h_{水} - h_{陆}) \times A \tag{1.4-6}$$

式中：ΔW 为水面蒸发损失量；$h_{水}$ 为水面蒸发深度；$h_{陆}$ 为陆面蒸发深度；A 为水面面积。

（2）渗漏损失

水库建成以后，由于水头压力的作用，水库库岸、坝基、坝体及坝端都会产生一定的渗漏。水库的渗漏损失很难精确计算，一般是根据水库的水文地质条件进行估算。有渗流监测设施的水库大坝，可根据渗流监测成果进行计算。

（3）其他损失

水库水量损失除上述两种主要损失外，还可能有其他形式的损失，如结冰损失、水工建筑物漏水、弃水损失等。

第2章

水库调度理论与方法

2.1 径流调节计算

2.1.1 径流调节的分类

水库建设的目的是为了防洪和兴利，解决来水和需水之间的矛盾。根据不同的自然条件和要求，水库可按径流调节周期、目标和对象进行分类。

1. 按调节周期分类

调节周期是指水库一次蓄泄循环经历的时间，即水库从库空到库满再到库空所经历的时间。根据调节周期，水库可分为日调节、周调节、年调节和多年调节等。

(1) 日调节和周调节

日调节和周调节是短期调节，多数用于发电、供水水库。一般来说，枯水期河川径流在一天或一周内的变化是不大的，但生产生活用水和用电在白天与夜晚，或工作日与休息日之间，相差是很大的。利用水库的调节能力，可把夜间或休息日多余的水量蓄存起来，用于增加白天或工作日的正常供水。这种调节称日调节和周调节，如图 2.1-1 和图 2.1-2 所示。

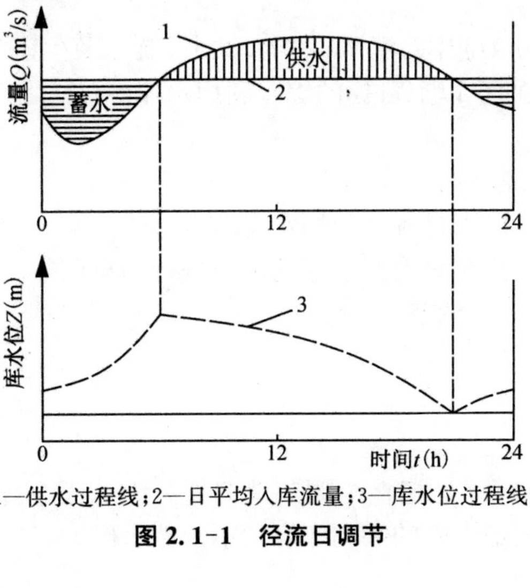

1—供水过程线；2—日平均入库流量；3—库水位过程线

图 2.1-1　径流日调节

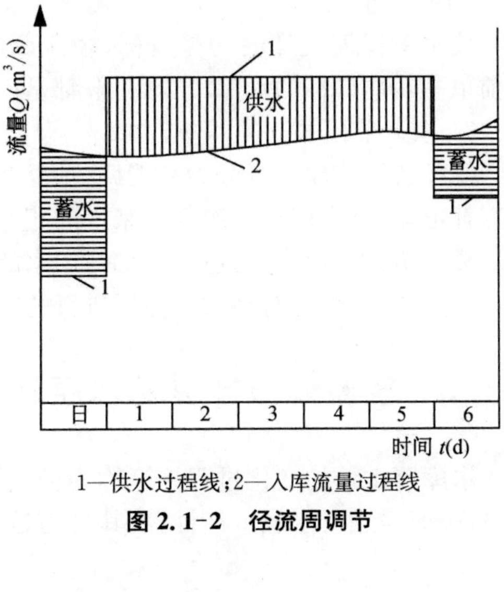

1—供水过程线；2—入库流量过程线

图 2.1-2　径流周调节

（2）年调节

河川径流一般年内变化很大，洪水期和枯水期的流域来水量相差悬殊，而各用水部门的用水量与上游来水量的变化不同步。发电、航运和供水年内变化不大，但农业灌溉用水一般是在枯水期。因此往往在洪水期水量过剩，而枯水期水量不足。这就要求在一年内对天然径流进行重新分配，将洪水期的多余水量调剂到枯水期使用，称为年调节，其调节周期为一年，如图 2.1-3 所示。

（3）多年调节

对于库容很大的水库，其防洪和兴利调节能力较大，可将丰水年的多余水量蓄在水库内，以补充枯水年水量的不足，这就是多年调节。多年调节水库的有效库容一般并非每年都蓄满或放空，其调节周期要经过很多年，如图 2.1-4 所示。

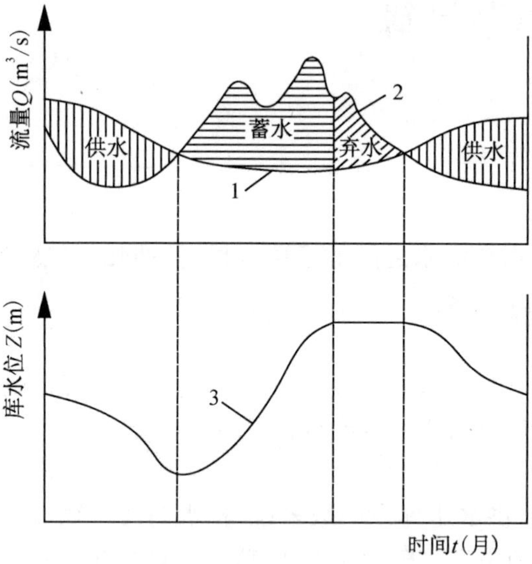

1—供水过程线；2—入库流量过程线；3—库水位过程线

图 2.1-3　径流年调节

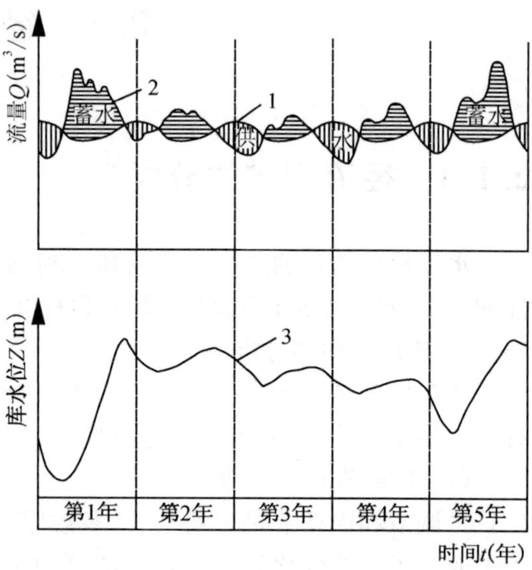

1—供水过程线；2—入库流量过程线；3—库水位过程线

图 2.1-4　径流多年调节

2. 按功能目标分类

按水库规划设计的功能目标，径流调节可分为防洪、灌溉、发电、供水、航运及生态等。目前单一功能目标的水库较少，一般都是两个或两个以上目标的综合利用水库。

3. 按调节模式分类

按径流调节模式可分为补偿调节、反调节和应急调节等。

补偿调节：水库与下游区间来水的相互补偿，以满足各部门用水需求。

反调节：下游水库为适应各部门用水的需求过程，对上游水库的出流进行的再调节。

应急调节：为应对突发事件所进行的临时性径流调节。

2.1.2　径流调节计算基本原理

水库蓄水量的变化过程计算称为径流调节计算，是把整个调节周期划分为若干个计算时段，按时段进行水量平衡计算，其目的是为了确定水库的兴利库容和正常蓄水位。

河川的天然径流在一年内变化很大，一般分为洪水期(汛期)和枯水期，洪水期和枯水期的来水量相差悬殊，而对于用水部门，越是枯水期，其对水库水的需求量越大。水库年调节的任务是将一年内洪水期多余的水量贮存在水库中，待枯水期使用，年调节水库的调节周期为一年。

径流调节计算的原理是任一计算时段内进出水库的水量差，等于这一时段内水库蓄水量的变化。其水量平衡方程式为：

$$\Delta V=(Q-q)\Delta t \tag{2.1-1}$$

式中：ΔV 为计算时段内水库蓄水量的变化；Q 为计算时段内水库的来水量；q 为计算时段内水库的出水量，包括用水量和水量损失；Δt 为计算时段。

计算时段 Δt 可根据水库调节周期的长短、径流和用水的变化程度而定。对于日调节水库，Δt 可取小时为单位；年调节水库 Δt 一般取为一个月，在来水和用水量变化较大时，可取半个月或一旬为一个计算时段。水利上一般选用水利年度来进行年调节水库的径流计算，以水库的一个蓄泄循环为一年的计算起讫点，即蓄水期初的水位开始，经蓄水期、供水期的水位变化，水库水位再回到蓄水期初的水位为一个调节年。根据水库运用目的不同，不同水库的年调节计算起讫点是不同的。

按水库来水和用水的配合情况，年调节水库可分为一次运用、两次运用及多次运用等。

(1) 一次运用

一次运用情况是一年内有一个余水期和一个缺水期，如图 2.1-5 所示。水库在一个调节年度内，缺水期内的缺水总量为 V_2，如果水库在这一年度能蓄这么多水，就能保证这一年的用水需求，所以水库的兴利库容 $V_{兴}=V_2$，而且余水量 $V_1>V_2$，水库可保证蓄满，且有一部分弃水，弃水量为 V_1-V_2。

(2) 两次运用

当水库在一年内有两个余水期和两个缺水期时，水库为两次运用，如图 2.1-6 所示。在总的余水大于总的缺水条件下，兴利库容的确定有两种情况：①若中间的余水小于其前面的缺水和后面的缺水，则兴利库容为两缺水之和减去中间的余水，$V_3<V_2$、$V_3<V_4$，则 $V_{兴}=V_2+V_4-V_3$。②其他情况，则取较大的缺水作为兴利库容。

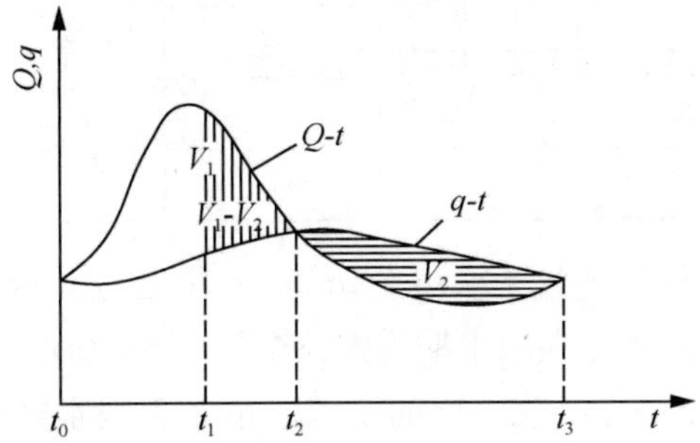

图 2.1-5　水库一次运用

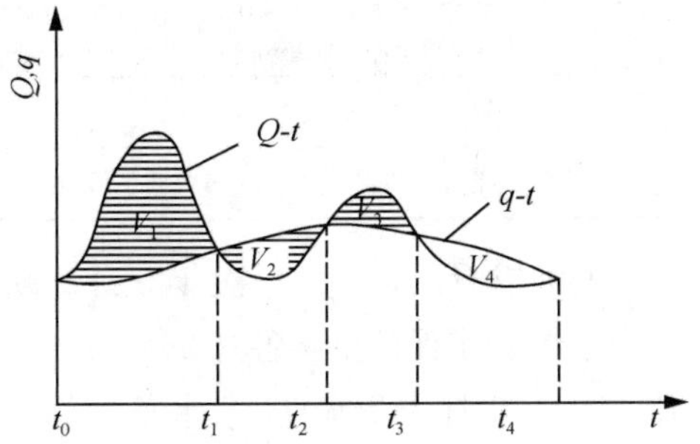

图 2.1-6　水库两次运用

(3) 多次运用

当水库为三次或多次运用时，兴利库容的确定可按逆时推算法进行确定：假定年末水库

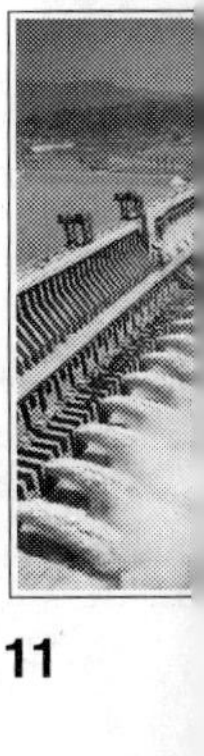

放空，即认为年末所需蓄水为零，逆时序往前计算，遇缺水相加，遇余水相减，相减后若小于零即取为零，这样便可求得各特征时刻所需的蓄水量，取其大者，即为该年度所需兴利库容。

水库径流调节的任务有两类：

(1) 在已知天然来水过程和用水部门需水过程的情况下，计算水库所需的兴利库容。

(2) 在已知天然来水过程和兴利库容的情况下，计算水库可提供的调节流量。

水库年径流调节计算一般采用时历法，分别为列表法、简化水量平衡公式法和差积曲线法。

1. 历时列表法

列表法径流调节计算比较严谨、细致，是最通用的方法。

某水库径流调节年度资料见表 2.1-1。(1)栏为计算时段，以月为一个计算时段，(2)、(3)栏分别为计算时段的来水量和计划用水量，(4)、(5)栏分别为各时段的余水量和缺水量，即来水量和用水量的差值。

表 2.1-1 某水库径流调节计算表

月份	来水流量 (m^3/s)	用水流量 (m^3/s)	余水量 [(m^3/s)·月]	缺水量 [(m^3/s)·月]	水库蓄水量 [(m^3/s)·月]	弃水量 [(m^3/s)·月]	备注
(1)	(2)	(3)	(4)	(5)	(6)	(7)	(8)
4	32.3	25.0	7.3		0		库空
5	39.6	25.0	14.6		7.3		蓄水
6	70.4	25.0	45.5		21.9		
7	86.7	25.0	61.7		67.3	52.3	库满弃水
8	56.2	25.0	31.2		76.7	31.2	
9	35.1	25.0	10.1		76.7	10.1	
10	19.0	25.0		6.0	76.7		供水
11	12.0	25.0		13.0	70.7		
12	5.3	25.0		19.7	57.7		
1	7.0	25.0		18.0	38.0		
2	14.0	25.0		11.0	20.0		
3	16.0	25.0		9.0	9.0		
合计	393.6	300.0	170.3	76.7	0	93.6	库空

从表可以看出，10 月—次年 3 月为缺水期，6 个月总缺水量为 76.7(m^3/s)·月，也就是说本计算年度中，为了保证全年各月 25.0 m^3/s 的用水流量，水库在缺水期需要补充 76.7(m^3/s)·月的水量。4—9 月为余水期，余水总量为 170.3(m^3/s)·月，余水期的余水总量大于缺水期所需的水量。所以余水期只要蓄 76.7(m^3/s)·月的水量，即可满足本年度的用水需求，此数据就是该年度所需的兴利库容；若该年不能满足 76.7(m^3/s)·月的库容用于蓄水，则本年缺水期就不能正常供水。

这里的水库蓄水量是指有效蓄水量，未包括死库容。计算出水库调节库容后，根据水库的运行方式，可得出水库各月的蓄水量变化情况[表 2.1-1 中(6)栏]及水库弃水情况[表 2.1-1 中(7)栏]，水库从 4 月初开始蓄水，到 7 月上旬水库蓄满。7、8、9 三个月份因来水仍超过用水需要，因此多余的水量被弃掉，水库保持库满状态。10 月份开始来水量小于需水量，水库进入供水期，为了满足用水需求，水库蓄水量不断下降，到第二年 3 月底放空，完成一次蓄放循环。

本例中，一年内只有一个余水期和一个缺水期，称为一回运用。在水库实际运用过程中，因来水的不确定性，一般较少遇到一回运用的情况，一年内可能有若干个余水期和缺水期。

水库的蓄水过程与水库运行方式密切相关，两种极端运行方式是早蓄方案和晚蓄方案。早蓄方案是水库在最初的余水期就开始蓄水，兴利库容蓄满后还有多余水量再弃水；晚蓄方案是在保证蓄水期末水库蓄满的前提下，有多余的水先弃后蓄。早蓄方案一般采用顺时序计算，而晚蓄方案则采用逆时序计算，见表 2.1-2。需要说明的是，早蓄方案和晚蓄方案都是理论上的操作方式，在水库实际运行时，一般不会按这两种方式操作。

表 2.1-2 某水库多回运用径流调节计算表

月份	来水流量 (m^3/s)	用水流量 (m^3/s)	余水量 [(m^3/s)·月]	缺水量 [(m^3/s)·月]	早蓄方案		晚蓄方案		备注
					水库蓄水量 [(m^3/s)·月]	弃水量 [(m^3/s)·月]	水库蓄水量 [(m^3/s)·月]	弃水量 [(m^3/s)·月]	
(1)	(2)	(3)	(4)	(5)	(6)	(7)	(8)	(9)	(10)
4	34.1	21.0	13.1		↓0		0	13.1	
5	55.3	21.0	34.3		13.1		0	34.3	
6	73.8	21.0	52.8		47.4	49.2	0	26.1	
7	13.6	21.0		7.4	51.0		26.7		
8	16.1	21.0		4.9	43.6		19.3		
9	42.5	21.0	21.5		38.7	9.2	14.4		
10	36.1	21.0	15.1		51.0	15.1	35.9		
11	13.2	21.0		7.8	51.0		51.0		
12	7.9	21.0		13.1	43.2		43.2		
1	4.8	21.0		16.2	30.1		30.1		
2	8.9	21.0		12.1	13.9		13.9		
3	19.2	21.0		1.8	1.8		1.8		
合计	325.5	252.0	136.8	63.3	0	73.5	↑0	73.5	

表 2.1-2 是某年来水量与用水量过程，从表中可以看出，该年中有两个余水期和两个缺水期。该年 7、8 两个月缺水量为 12.3(m^3/s)·月，11 月—次年 3 月缺水量为 51.0(m^3/s)·月。这种情况下确定该年所需库容，主要看两个缺水期中间余水期的余水量。要保证 7、8 两个月份的供水，需要在 7 月初水库蓄水 12.3(m^3/s)·月，要保证 11 月—次年 3 月的供水，需要在 11 月初水库蓄水 51.0(m^3/s)·月。如果 7 月初水库蓄满，由于 9、10 月两个月份的余水

量能够补充 7、8 两个月份的缺水量，则 11 月初水库仍然能够蓄满。故该年的兴利库容为 11 月—次年 3 月缺水量，为 51.0(m^3/s)·月。表 2.1-2 中，(6)、(7)栏是采取早蓄方案，顺时序计算的水库蓄水过程和弃水过程，(8)、(9)栏是采取晚蓄方案，逆时序计算的水库蓄水过程和弃水过程，两种操作方式下水库蓄水过程不同，但弃水总量是相同的。

2. 简化水量平衡公式法

在水库规划设计阶段，一般无需对每年列表进行逐月径流计算，各月需水量可简化为一个常数，将每年划分成两个计算时段——蓄水期和供水期，然后进行水量平衡计算，即可得出所需结果。

从列表法的计算中可以看出，水库兴利库容取决于供水期最大累积缺水量，即

$$V_{兴} = Q_{调} T_{供} - W_{供} \tag{2.1-2}$$

式中：$V_{兴}$为水库兴利库容，m^3；$Q_{调}$为水库用水调节流量，m^3/s；$W_{供}$为供水期水库天然来水量，m^3；$T_{供}$为供水期历时，s。

当调节流量已知时，应用式(2.1-2)可计算水库的兴利库容$V_{兴}$，反之，当已知水库兴利库容$V_{兴}$时，也可利用该公式计算调节流量$Q_{调}$，即

$$Q_{调} = \frac{W_{供} + V_{兴}}{T_{供}} \tag{2.1-3}$$

采用简化水量平衡公式法进行计算应注意两个问题：

(1) 所定的供水期历时$T_{供}$必须正确，特别是在多回运用时或已知库容计算调节流量时，$T_{供}$往往要由试算确定。

(2) 必须检验蓄水期末水库是否能保证蓄满，即下式应成立：

$$W_{蓄} - Q_{调} T_{蓄} \geqslant V_{兴} \tag{2.1-4}$$

式中：$W_{蓄}$为蓄水期水库天然来水量，m^3；$T_{蓄}$为蓄水期历时，s。

表 2.1-3 为某水库某年的来水流量过程，假设调节流量为 21.0 m^3/s。

表 2.1-3　某水库某年来水过程　　单位：m^3/s

月份	4	5	6	7	8	9	10	11	12	1	2	3
流量	34.1	55.3	73.8	13.6	16.1	42.5	36.1	13.2	7.9	4.8	8.9	19.2

(1) 供水期的确定

从天然来水过程可以看出 7、8 月和 11 月—次年 3 月均应属于供水期，但 9、10 两个月的总来水量为 78.6(m^3/s)·月，大于 7、8 两个月的缺水量 12.3(m^3/s)·月，完全可以补充 7、8 两个月的缺水量，故 7、8 月份不是供水期，该年的供水期应为 11 月—次年 3 月，共 5 个月。

(2) 所需库容的确定

$$W_{供} = \sum_{11}^{3} Q\Delta t = 13.2 + 7.9 + 4.8 + 8.9 + 19.2 = 54.0[(m^3/s)\cdot 月]$$

$$Q_{调}T_{供} = 21.0 \times 5 = 105.0[(m^3/s)\cdot 月]$$

$$兴利库容\ V_{兴} = Q_{调}T_{供} - W_{供} = 105.0 - 54.0 = 51.0[(m^3/s)\cdot 月]$$

(3) 检验

$$W_{蓄}-Q_{调}T_{蓄}=\sum_{4}^{10}Q\Delta t-Q_{调}T_{蓄}=271.5-21.0\times7=124.5[(\mathrm{m^3/s})\cdot 月]>V_{兴}$$

可以确定该水库该年的兴利库容为 51.0(m^3/s)·月。从计算过程可以看出,结果与表 2.1-2 所得结果完全一致。

下面介绍已知来水过程和兴利库容,计算调节流量的方法。

还是如表 2.1-3 的年来水过程,假定全年均匀供水,已知兴利库容 $V_{兴}=50.0(\mathrm{m^3/s})\cdot 月$,计算该年可提供的调节流量。

(1) 试算调节流量

首先假定供水期,从表 2.1-3 可以直观地看出,12 月—次年 2 月应为供水期,则

$$Q_{调}=\frac{W_{供}+V_{兴}}{T_{供}}=\frac{21.6+50}{3}=23.87(\mathrm{m^3/s})$$

下面检验假定的供水期是否正确。由于 11 月份的天然来水流量为 13.2 m^3/s,3 月份的天然来水流量为 19.2 m^3/s,如果兴利库容 50.0(m^3/s)·月全部用于 12 月—次年 2 月的供水,就不能保证全年均匀供水 23.87 m^3/s。故重新假定供水期为 11 月—次年 3 月,则

$$Q_{调}=\frac{W_{供}+V_{兴}}{T_{供}}=\frac{54.0+50}{5}=20.8(\mathrm{m^3/s})$$

再次检验假定的供水期是否正确。现在计算的调节流量为 20.8 m^3/s,大于 11 月份的天然来水流量 13.2 m^3/s,以及 3 月份的天然来水流量 19.2 m^3/s;而 9、10 两月的平均余水量 39.3 m^3/s 能够补充 7、8 两个月的缺水量 5.95 m^3/s。故该水库该年的供水期应为 11 月—次年 3 月。

(2) 检验水库蓄水期能否蓄满

$$W_{蓄}-Q_{调}T_{蓄}=\sum_{4}^{10}Q\Delta t-Q_{调}T_{蓄}=271.5-20.8\times7=125.9[(\mathrm{m^3/s})\cdot 月]>V_{兴}$$

该水库该年蓄水期完全可以蓄满,说明确定的蓄水期和计算的调节流量是正确的。

3. 时历图解法

采用时历图解法进行径流调节计算时,用累积水量变化曲线 $W(t)$ 来表示天然径流和需水的历时变化过程 $Q(t)$,$W(t)$ 是 $Q(t)$ 的积分,对于离散过程,有

$$W(t)=\sum_{i=0}^{t}Q(i)\Delta t \tag{2.1-5}$$

式(2.1-5)称为常累积曲线,相当于水库只有入流,没有出流的蓄水过程,见图 2.1-7。由于常累积曲线随时间增长不断上升,在绘制较长期的多年径流累积曲线图时,图幅会很大,要使图幅缩小就得缩小比例尺,但这样做会降低计算精度。为了避免这个不足,可采用差积曲线进行计算。

绘制差积曲线时,先将每个时段径流量都减去一常数流量值 Q_0,然后计算各时段流量差值 $Q(t)-Q_0$ 的累积值,即

$$W(t) = \sum_{i=0}^{t}[Q(i) - Q_0]\Delta t \quad (2.1\text{-}6)$$

原则上 Q_0 的选择是任意的，但为了计算方便，一般选择接近于平均径流量的整数值。表 2.1-4 是某水库某年的累积曲线和差积曲线计算表，差积曲线图见图 2.1-8。

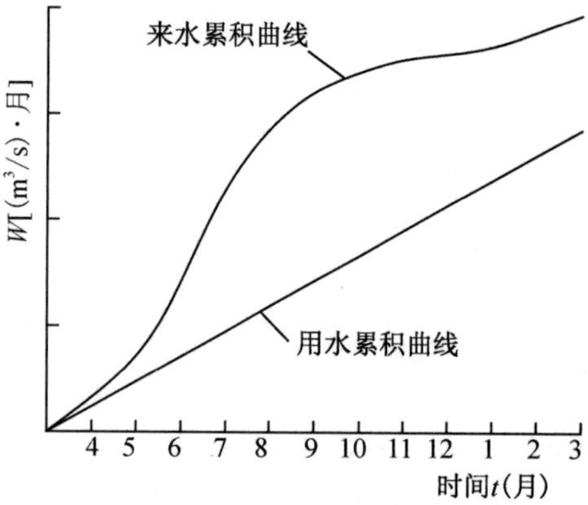

图 2.1-7　常累积曲线

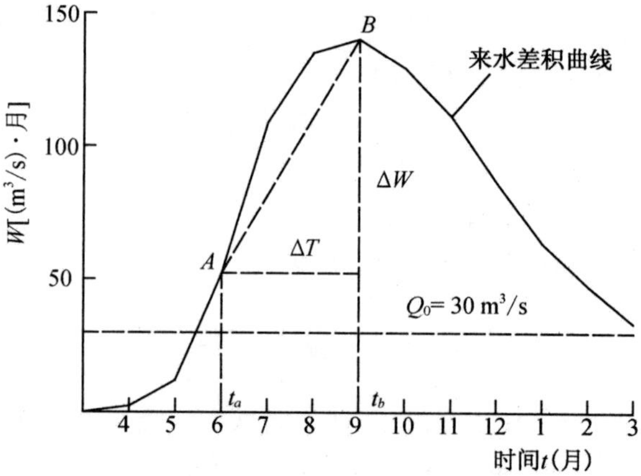

图 2.1-8　差积曲线

表 2.1-4　某水库累积曲线和差积曲线计算表

月份	来水量 [(m³/s)·月]	累积来水量 [(m³/s)·月]	用水量 [(m³/s)·月]	累积用水量 [(m³/s)·月]	$(Q_{来}-Q_0)\Delta t$ [(m³/s)·月]	$\Sigma(Q_{来}-Q_0)\Delta t$ [(m³/s)·月]
(1)	(2)	(3)	(4)	(5)	(6)	(7)
4	32.3	32.3	25.0	25.0	2.3	2.3
5	39.6	71.9	25.0	50.0	9.6	11.9
6	70.4	142.3	25.0	75.0	40.4	52.3
7	86.7	229.0	25.0	100.0	56.7	109.0
8	56.2	285.2	25.0	125.0	26.2	135.2
9	35.1	320.3	25.0	150.0	5.1	140.3
10	19.0	339.3	25.0	175.0	−11.0	129.3
11	12.0	351.3	25.0	200.0	−18.0	111.3
12	5.3	356.6	25.0	225.0	−24.7	86.6
1	7.0	363.6	25.0	250.0	−23.0	63.6
2	14.0	377.6	25.0	275.0	−16.0	47.6
3	16.0	393.6	25.0	300.0	−14.0	33.6
合计	393.6		300.0		33.6	

注：表中 $Q_0 = 30\ m^3/s$。

差积曲线具有以下性质：

(1) 差积曲线有升有降，当 $Q(t) \geqslant Q_0$ 时，曲线上升；当 $Q(t) < Q_0$ 时，曲线下降。

(2) 差积曲线上任意两点的纵坐标的差，等于该两点之间流过的水量与以 Q_0 在同时段内流过的水量之差。图 2.1-8 中取任意两时间点 t_a、t_b，则

$$W(t_a) = \sum_{0}^{t_a}[Q(t) - Q_0]\Delta t$$

$$W(t_b) = \sum_{0}^{t_b}[Q(t) - Q_0]\Delta t$$

$$\Delta W = W(t_b) - W(t_a) = \sum_{t_a}^{t_b}[Q(t) - Q_0]\Delta t$$

(3) 差积曲线上任意两点连线的斜率，为该两点之间的平均流量与 Q_0 的差。

$$k_{AB} = \frac{\Delta W}{\Delta T} = \frac{W(t_b) - W(t_a)}{t_b - t_a} = \frac{\sum_{t_a}^{t_b}[Q(t) - Q_0]\Delta t}{t_b - t_a} = \overline{Q}_{ab} - Q_0$$

式中：$\overline{Q}_{ab}$ 为$[t_a, t_b]$时段内的平均流量；k_{AB} 为 A、B 连线的斜率。

(4) 差积曲线性质(2)、(3)在差积曲线平移过程中保持不变。

差积曲线计算兴利库容的步骤如下：

1) 作来水差积曲线图，见图 2.1-9。

2) 作需水差积曲线图，见图 2.1-9。

3) 平移需水差积曲线，与来水差积曲线外切于 A。

4) 平移需水差积曲线，与来水差积曲线在 A 点右下方切于 C，两条平行线的垂线截距即为兴利库容，即图 2.1-9 中 AB。

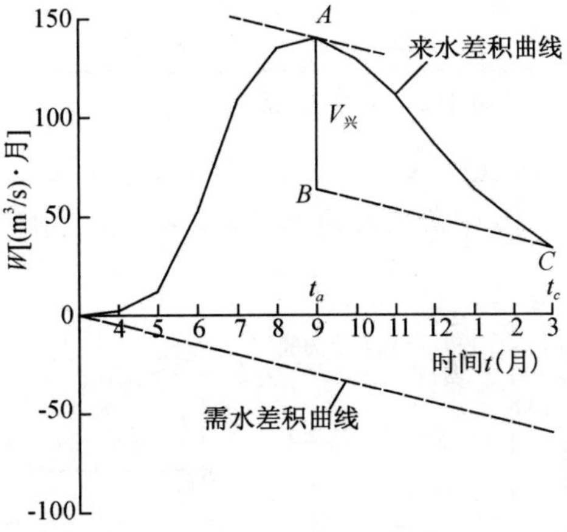

图 2.1-9 差积曲线计算库容

根据差积曲线的性质，差积曲线上任意两点连线的斜率与该两点之间的平均流量成正比，A 点以左来水差积曲线的斜率大于需水差积曲线的斜率，说明 A 点以左来水流量大于需水流量，属于余水期，而 A 点与 C 点之间来水差积曲线的斜率小于需水差积曲线的斜率，说明来水小于需水，属于缺水期，A 点为余水期与缺水期的分界点。故$[t_a, t_c]$为供水期，有

$$V_{兴} = |AB| = \sum_{t_a}^{t_c}[q(t) - Q(t)]\Delta t$$

式中：$V_{兴}$ 为计算的兴利库容；$q(t)$ 为需水流量。

上面是水库一回运用情况下采用时历图解法计算水库兴利库容的方法。对于二回运用或多回运用的情况，可按相同的方法来寻找外切点及其后续的右下切点，以计算水库的兴利库容。

表 2.1-5 是某水库某年的二回运用情况下的累积曲线和差积曲线计算表，差积曲线图见图 2.1-10。

表 2.1-5 某水库二回运用情况下的累积曲线和差积曲线计算表

月份	来水量 [(m^3/s)·月]	累积来水量 [(m^3/s)·月]	用水量 [(m^3/s)·月]	累积用水量 [(m^3/s)·月]	$(Q_来-Q_0)\Delta t$ [(m^3/s)·月]	$\Sigma(Q_来-Q_0)\Delta t$ [(m^3/s)·月]
(1)	(2)	(3)	(4)	(5)	(6)	(7)
4	34.1	34.1	21.0	21.0	13.1	13.1
5	55.3	89.4	21.0	42.0	34.3	47.4
6	73.8	163.2	21.0	63.0	52.8	100.2
7	13.6	176.8	21.0	84.0	−7.4	92.8
8	16.1	192.9	21.0	105.0	−4.9	87.9
9	42.5	235.4	21.0	126.0	21.5	109.4
10	36.1	271.5	21.0	147.0	15.1	124.5
11	13.2	284.7	21.0	168.0	−7.8	116.7
12	7.9	292.6	21.0	189.0	−13.1	103.6
1	4.8	297.4	21.0	210.0	−16.2	87.4
2	8.9	306.3	21.0	231.0	−12.1	75.3
3	19.2	325.5	21.0	252.0	−1.8	73.5
合计	325.5		252.0		73.5	

注：表中 Q_0 = 21.0 m^3/s。

取 $Q_0=Q_调$ = 21.0 m^3/s，则需水差积曲线为水平线，即图 2.1-10 中的 AC。显然，图 2.1-10 中最大截距 BD 为该年的兴利库容，而截距 AE 为累积弃水量。

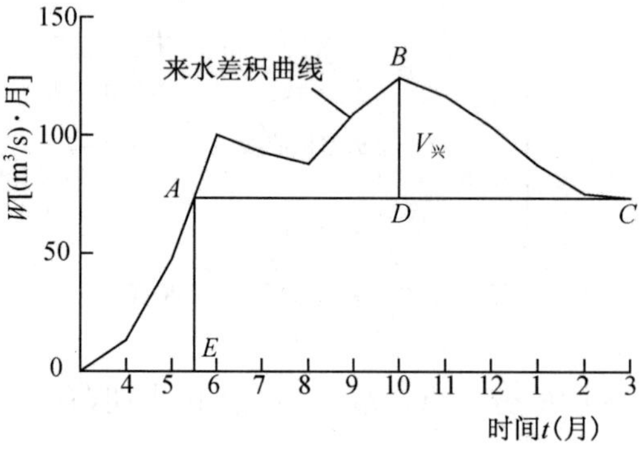

图 2.1-10 水库二回运用时差积曲线计算库容

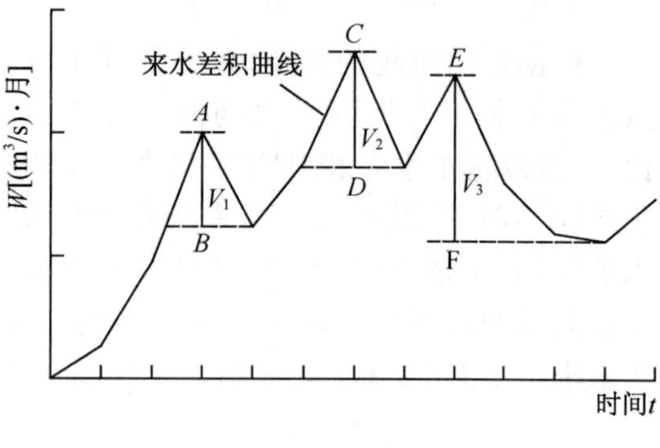

图 2.1-11 水库多回运用时差积曲线计算库容

多回运用的差积曲线见图 2.1-11。取 $Q_0=Q_调$，则需水差积曲线为水平线，按差积曲线计算兴利库容的步骤，可计算出 $V_1,V_2,V_3,\cdots$。则 $V_兴=\max(V_1,V_2,V_3,\cdots)$。

当已知水库来水和兴利库容，用差积曲线计算调节流量时，可采取如下步骤：

1）作来水差积曲线，Q_0 可取接近多年平均流量的整数。

2）来水差积曲线向上或向下平移 V。

3）作两条差积曲线的公切线，先切下线，后切上线，见图 2.1-12，左切点为 C，右切点为 B。当有多条公切线时，选择斜率最小的。

4）求公切线的斜率 k_{CB}，则调节流量为

$$Q_{调} = k_{CB} + Q_0 \qquad (2.1\text{-}7)$$

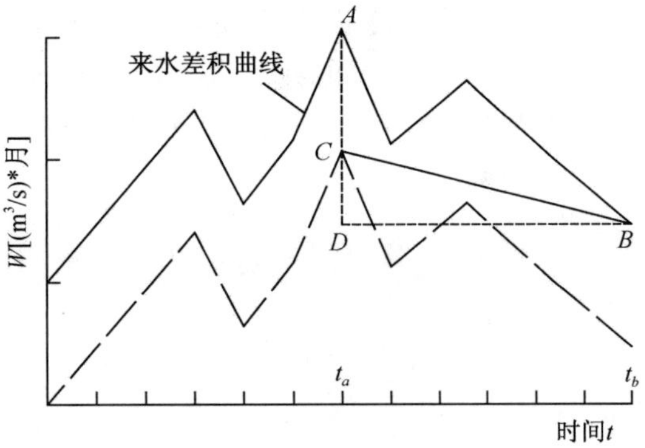

图 2.1-12　差积曲线计算调节流量

如图 2.1-12 所示，$|AD|$ 为 A 点与 B 点的纵坐标差，根据差积曲线性质，有

$$|AD| = \sum_{t_a}^{t_b}[Q_0 - Q(t)]\Delta t = Q_0(t_b - t_A) - \sum_{t_a}^{t_b}[Q(t)]\Delta t$$

$|CD|$ 为 C 点与 B 点的纵坐标差，根据差积曲线性质，有

$$|CD| = |AD| - V$$

$$k_{CB} = -\frac{|CD|}{t_b - t_a} = -Q_0 + \frac{V + \sum_{t_a}^{t_b}[Q(t)]\Delta t}{t_b - t_a} = -Q_0 + \frac{V + W_{供}}{T_{供}} = -Q_0 + Q_{调}$$

于是 $Q_{调} = k_{CB} + Q_0$

2.1.3　设计保证率下的年调节水库兴利调节计算

众所周知，天然来水的多少具有不确定性，根据每年的来水情况，即使每年的需水量是固定不变的，所计算出的兴利库容也是不一样的。为了充分满足用水部门的需要，当然是兴利库容越大越好，但这样一来，水库就要建得很大，投资也大。那么一座水库到底需要多大的兴利库容才合适呢？这里给出一个设计保证率的概念，所谓设计保证率，就是水利工程设施在若干年内满足兴利（灌溉、发电、航运、供水等）部门对水量（或水位）要求的平均保证程度，以百分数计。根据不同的兴利要求，有灌溉保证率、发电保证率、通航保证率和供水保证率等。由于此值是在设计水库时研究决定的，故称为设计保证率。设计保证率是水利规划的标准，也是决定工程规模的依据。设计水库时，合理选择设计保证率十分重要。从理论上说，可以通过经济计算的途径来选定。但在实际设计保证率时，由于水库设计保证率涉及许多方面，初步设计时很难掌握足够的符合实际的用户经济特性及其他资料进行技术经济论证，因此一般是参照有关设计规程规范的规定，经过分析后选定。下面介绍在给定设计保证率下确定水库兴利库容的方法。

1. 年径流调节计算的长系列法

年调节水库兴利调节计算的长系列法是将水库坝址断面河流多年来水过程系列和供水过程系列逐年按时历列表法进行逐时段（月或旬）的水量平衡计算，其具体计算方法有不计损失和计入损失两种。前者一般用于规划方案的比较阶段，但水库兴利库容的最终确定必须计入水库的水量损失。

（1）不计损失的年调节计算

首先，按 2.1.2 节的计算方法，列出某水库坝址断面 n 年各月来水量及用水量的差值，计算出年调节水库每年所需的兴利库容，并由小到大排列，用经验公式(2.1-8)计算每一库容的经验频率。

$$p = [m/(n+1)] \times 100\% \tag{2.1-8}$$

式中：m 为每年所需兴利库容的排序。

表 2.1-6 给出了某水库库容-经验频率计算表。根据计算的经验频率，点绘库容频率曲线，见图 2.1-13。

表 2.1-6　库容-经验频率计算表

序号	年份	库容 [$(m^3/s)\cdot$月]	$p=\frac{m}{n+1}\times 100\%$	序号	年份	库容 [$(m^3/s)\cdot$月]	$p=\frac{m}{n+1}\times 100\%$
1	1991—1992	0.00	3.23	16	2005—2006	43.30	51.61
2	2010—2011	1.80	6.45	17	1984—1985	45.70	54.84
3	1992—1993	4.20	9.68	18	1996—1997	50.50	58.06
4	2009—2010	8.60	12.90	19	1985—1986	51.30	61.29
5	2008—2009	9.70	16.13	20	2004—2005	56.40	64.52
6	1993—1994	15.60	19.35	21	1988—1989	59.30	67.74
7	1982—1983	17.30	22.58	22	1997—1998	60.80	70.97
8	2007—2008	20.10	25.81	23	1986—1987	62.50	74.19
9	1990—1991	22.60	29.03	24	2003—2004	67.10	77.42
10	1994—1995	23.50	32.26	25	1998—1999	73.70	80.65
11	1983—1984	28.80	35.48	26	2002—2003	74.50	83.87
12	2006—2007	29.10	38.71	27	1987—1988	79.00	87.10
13	1981—1982	35.40	41.94	28	1999—2000	85.40	90.32
14	1995—1996	37.90	45.16	29	2000—2001	89.20	93.55
15	1989—1990	42.20	48.39	30	2001—2002	96.30	96.77

图 2.1-13 表示在需水一定的情况下，兴利库容与设计保证率之间的关系。由已确定的用水保证率 p 查库容频率曲线，可得相应保证率下的年调节兴利库容。

采用长系列法计算出的年调节水库兴利库容，其设计保证率的概念比较明确，成果精度较高。但该方法要求有较长的水文资料系列，计算工作量也大。

（2）计入损失的年调节计算

水库建成后，会产生诸如蒸发、渗漏、弃水等损失，所以，水库水量的平衡方程为

$$\Delta V = (Q - q - q_{损} - q_{弃})\Delta t \tag{2.1-9}$$

由于水库的水量损失是在蓄水和用水过程中产生的，其与水库当时的库容和水面面积密切相关，只有知道了某时段初、末的水库库容，才能确定该时段的水库损失量。实际应用

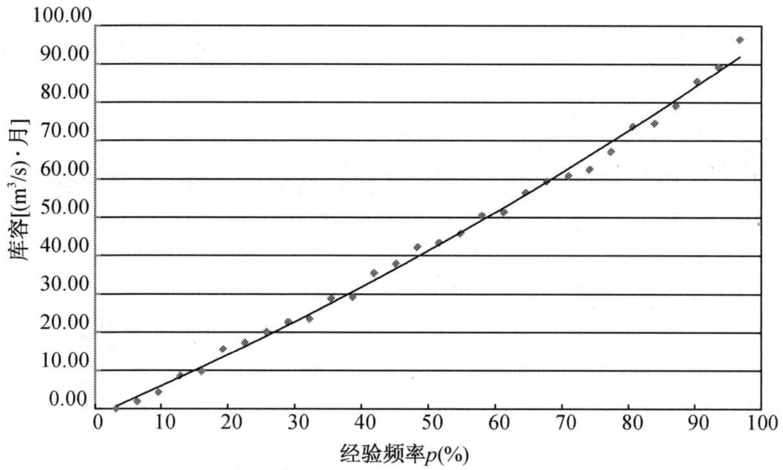

图 2.1-13　库容-频率曲线

中，时段末的水库库容是未知的，所以要采用试算法求出水库损失量：先假设某时段末的水库库容，由此计算出水库损失量，再进行水量平衡计算，求出时段末的水库库容，如此值与假设不符，则重新假设，重新计算，直到二者一致为止。这种计算方法工作量很大，所以通常采用更方便的方法：先在不考虑水库水量损失情况下进行水库调节计算，求得各时段近似的蓄水情况，然后用各时段的水库平均库容算出各时段的损失量，再应用式(2.1-9)进行调节计算。

同样，在已知多年来水过程和兴利库容的情况下，可按 2.1.2 节的计算方法，计算出每年的调节流量，然后绘制调节流量-频率曲线，以确定在设计保证率下的调节流量。但应注意的是，绘制调节流量频率曲线时，调节流量是由大到小排序的，表示在兴利库容一定的情况下，保证率越高，所能提供的调节流量越小。

2. 年径流调节计算的典型年法

从上面的介绍可知，年径流调节计算的长系列法需要较长的水文资料系列，对于无资料或资料不足的地区，就无法采用此方法。这种情况就可采用典型年法进行年径流调节计算。

典型年法是按设计保证率选择某一年的来水过程，通过对这一年的调节计算，确定符合设计保证率的年调节兴利库容或调节流量。典型年法的关键是选择合适的设计典型年。但该方法一般是在中小型水库规划设计中采用，对于已建水库的调度计算不大适用，这里不再赘述。

2.1.4　多年调节水库兴利调节计算

由水量平衡可知，如果年用水量增大，或设计用水保证率提高，导致在设计保证率下的年来水量小于用水量，此时，由一年的来水进行调节，就无法满足正常供水，必须跨年度调节，把丰水年多余的水量存起来，以补充枯水年不足的水量，这种将丰、枯水年份的年径流量跨年进行分配的调节，称为多年调节。

多年调节计算长系列法的基本原理和步骤与年调节计算相似，即先通过逐年调节计算，求得每年所需的库容，再进行频率计算，以求得满足设计保证率下的兴利库容。因多年调节水库要经过若干连续丰水年才能蓄满，经过若干连续枯水年才能放空，因此，完成一次蓄泄循环需要经过很多年。在这种情况下，确定某年份的兴利库容时，不能只以本年缺水期的不足水量确定兴利库容，还应联系前几年和后几年的不足水量情况进行分析计算。多年调节水库的调节库容或保证供水量取决于连续枯水年组的总缺水量，因此，用时历法进行多年调节计算时，所需要的水文资料系列比年调节时需要的资料系列要长得多，一般应具有 30 年以上，且是能较好地代表多年变化情况的水文资料。

某水库具有坝址断面 36 年的实测径流资料，见表 2.1-7。

表 2.1-7　某水库坝址断面月平均流量　　单位：m^3/s

年份＼月份	4	5	6	7	8	9	10	11	12	1	2	3
1956—1957	340.59	235.16	490.82	694.57	476.72	330.22	59.46	38.83	20.89	31.55	95.80	71.78
1957—1958	52.88	84.45	113.53	215.88	146.78	17.00	4.93	9.18	37.28	21.05	11.85	11.14
1958—1959	102.12	139.28	145.65	155.35	329.98	36.03	36.32	37.12	16.98	15.21	85.64	76.07
1959—1960	165.89	316.05	184.03	156.42	84.33	43.11	39.00	32.19	44.89	28.77	23.50	86.24
1960—1961	67.91	68.57	367.03	669.60	257.85	141.52	35.46	77.76	43.87	27.27	18.43	52.12
1961—1962	22.29	151.75	321.57	336.43	221.91	17.99	9.05	57.54	42.91	25.07	16.55	14.84
1962—1963	21.67	136.75	228.82	264.63	199.27	140.49	56.25	101.09	99.10	35.19	17.52	37.28
1963—1964	103.68	523.36	247.28	482.65	824.93	451.53	219.63	43.91	37.50	43.55	129.29	196.59
1964—1965	886.46	701.74	142.04	128.03	231.95	129.90	274.27	164.85	51.05	28.71	47.03	75.00
1965—1966	86.05	109.81	22.91	728.52	680.31	192.79	54.10	66.36	28.98	17.30	10.35	60.53
1966—1967	41.47	132.30	224.68	172.32	144.41	131.97	30.65	23.78	33.09	34.23	17.89	35.21
1967—1968	62.21	47.09	80.87	356.76	246.95	224.99	110.89	99.58	94.99	38.52	35.10	20.68
1968—1969	25.04	48.48	12.03	1 858.81	164.99	156.04	254.98	45.40	60.90	55.26	240.16	127.17
1969—1970	223.89	350.33	159.10	578.53	189.10	286.68	231.95	53.62	30.88	29.38	23.98	46.77
1970—1971	94.72	103.92	169.52	363.19	227.31	233.28	184.27	97.59	36.89	37.26	20.75	65.33
1971—1972	38.39	129.63	658.37	288.20	160.17	63.76	103.02	113.53	35.30	27.91	64.14	223.91
1972—1973	190.25	129.10	336.44	388.90	87.32	89.16	38.25	100.05	33.21	36.53	48.87	91.60
1973—1974	136.34	503.00	319.75	334.80	139.81	175.22	70.71	29.19	27.32	14.62	34.35	50.35

注：此表只列出了 18 年的资料。

假定需水量均匀，调节流量 $Q_{调}=120\ m^3/s$。下面通过逐年列表法和差积曲线法，计算兴利库容。

1. 逐年列表法

（1）首先根据调节流量 $Q_{调}=120\ m^3/s$，按水量平衡公式将各水利年划分为余水期和缺水期。值得注意的是，调节年度的划分不一定正好是 12 个月，应根据每年的余、缺水情况而定。比如 1956—1957 水利年是 1956 年 4 月—1957 年 6 月，共 14 个月，而 1957—1958 水利年是 1957 年 7 月—1958 年 4 月，共 10 个月。

（2）计算各年余水期的余水量和缺水期的缺水量，见表 2.1-8 的(3)、(4)栏。

（3）比较本水利年度的余水量和缺水量。

1）如余水量大于缺水量，则库容等于本水利年度缺水量。如表 2.1-8 中 1956—1957 年度，兴利库容为 270.83$(m^3/s)\cdot$月。

2）如余水量小于缺水量，则表明本水利年度水量不够，需与前面一年一起分析计算。

表 2.1-8 某水库多年调节计算表

年份	起讫时间（月）	余水量 [(m³/s)·月]	缺水量 [(m³/s)·月]	累积水量 [(m³/s)·月]	库容 [(m³/s)·月]
(1)	(2)	(3)	(4)	(5)	(6)
				0	
1956—1957	4—9	1968.07		1 968.07	
	10—6		270.83	1 697.24	270.83
1957—1958	7—8	122.66		1 819.90	
	9—4		745.44	1 074.46	893.61
1958—1959	5—8	291.25		1 365.71	
	9—3		536.63	829.08	1 138.99
1959—1960	4—7	342.39		1 171.47	
	8—5		561.49	609.98	1 358.09
1960—1961	5—9	956.01		1 565.99	
	10—4		702.80	863.19	702.80
1961—1962	5—8	551.65		1 414.84	
	8—4		754.38	660.46	905.53
1962—1963	5—9	369.96		1 030.42	
	10—4		389.90	640.52	925.47
1963—1964	6—10	2 149.37		2 789.89	
	12—1		315.09	2 474.80	315.09
1964—1965	2—11	1 785.13		4 259.93	
	12—6		419.75	3 840.18	419.75
1965—1966	7—9	1 601.63		5 441.81	
	10—4		560.90	4 880.91	560.90
1966—1967	5—9	325.67		5 206.58	
	10—6		714.99	4 491.59	950.22
1967—1968	7—9	468.70		4 960.29	
	10—6		594.69	4 365.60	1 076.21
1968—1969	7—10	1 954.82		6 320.42	
	11—1		198.45	6 121.97	198.45
1969—1970	2—10	1 306.90		7 428.87	
	11—5		456.72	6 972.15	456.72
1970—1971	6—10	577.58		7 549.73	
	11—4		432.80	7 116.93	432.80
1971—1972	5—8	756.37		7 873.30	
	9—2		312.33	7 560.97	312.33
1972—1973	3—7	668.61		8 229.58	
	8—3		435.01	7 794.57	435.01

(4) 计算本水利年度与上一水利年度两年的余水量和缺水量。

1) 如两年的累积余水量大于累积缺水量，则库容等于这两年中最大累积缺水量。如表 2.1-8 中 1957—1958 年度，兴利库容为 893.61(m^3/s) · 月。

2) 如两年的累积余水量小于累积缺水量，则表明这两年来水不能满足需水要求，需将这两年与再前面一年一起分析计算。

(5) 连续三年及多年情况依此类推，库容均为其中最大累积缺水量。如表 2.1-8 中 1959—1960 年度，兴利库容为 1 358.09(m^3/s) · 月。

2. 差积曲线法

(1) 首先计算来水差积曲线，见表 2.1-8 中的(5)栏。

(2) 绘制来水差积曲线，见图 2.1-14。

(3) 每年从缺水期末(图 2.1-14 中的 A、B、C、D 点等)向前作水平线到与差积曲线第一次相交，表明相交点到缺水期末为止，累积余水量等于累积缺水量。

(4) 找出相交点与缺水期末之间的最高点(图 2.1-14 中 M 点)，M 点与缺水期末点的纵坐标之差即为该年的兴利库容。如 1959—1960 年的兴利库容为 1 358.09(m^3/s) · 月。

计算出长系列的各年兴利库容后，将各年兴利库容点绘库容频率曲线，可求得各保证率下的兴利库容。

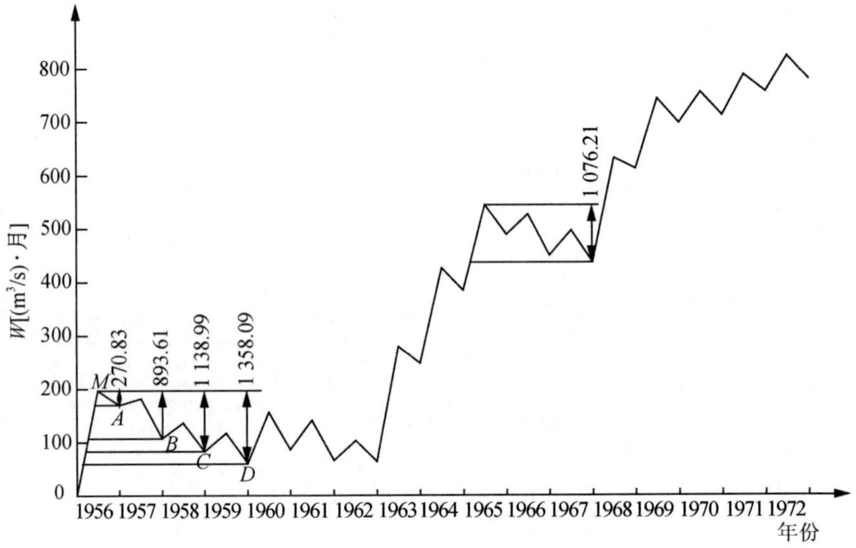

图 2.1-14 多年调节差积曲线

2.2 洪水调节计算

水库防洪调度是确保水库安全，实现水库防洪任务的控制运用方式。水库防洪调度的主要任务是确保工程安全，有效利用防洪库容拦蓄洪水、削减洪峰、减免洪水灾害，处理好防洪与兴利之间的矛盾，充分发挥水库的综合效益。

2.2.1 调洪计算的基本原理

水库调洪是在水量平衡和动力平衡的基础上进行的。由水力学可知,洪水在水库中行进时的流态是明渠非恒定流,其基本方程式是圣维南方程组:

$$\left.\begin{aligned} &\text{连续方程} \quad \frac{\partial \omega}{\partial t}+\frac{\partial Q}{\partial S}=0 \\ &\text{运动方程} \quad -\frac{\partial Z}{\partial S}=\frac{1}{g}\frac{\partial v}{\partial t}+\frac{v}{g}\frac{\partial v}{\partial S}+\frac{Q^2}{K^2} \end{aligned}\right\} \tag{2.2-1}$$

式中:ω 为过水断面面积;t 为时间;S 为沿水流方向的距离;Q 为流量;v 为断面平均流速;Z 为水位;K 为流量模数;g 为重力加速度。

通常这个方程很难有精确的解析解,一般采用简化方法计算。水量平衡可表示为水库水量平衡方程,动力平衡可由水库蓄泄方程来反映。

(1) 水库水量平衡方程

如图 2.2-1 所示,在某一时段 Δt 内,入库水量减去出库水量,应等于该时段内水库增加或减少的蓄水量,可写成水量平衡方程如下:

$$\frac{Q_1+Q_2}{2}\Delta t-\frac{q_1+q_2}{2}\Delta t=V_2-V_1 \tag{2.2-2}$$

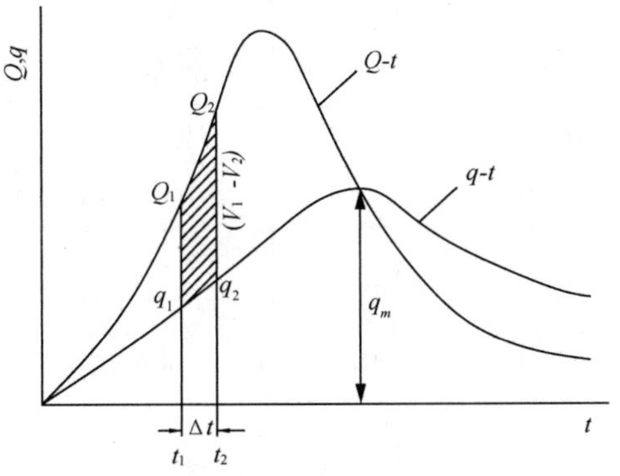

图 2.2-1 水库调洪计算示意图

式中:Q_1、Q_2为时段 Δt 始、末的入库流量;q_1、q_2为时段 Δt 始、末的出库流量;V_1、V_2为时段 Δt 始、末的水库蓄水量;Δt 为计算时段,其长短应以能较准确地反映洪水过程线的形状为原则,陡涨陡落的,Δt 取短些,反之,取长些。

(2) 水库蓄泄方程

式(2.2-2)中,Q_1、Q_2可由入库洪水流量过程线中得到,对于任一时段来说,时段初的库水位和相应的蓄水量 V_1,以及出库流量 q_1 都是已知的,而 V_2 和出库流量 q_2 是未知的,不能求解,需借助水库下泄流量 q 与蓄水量 V 之间的关系,建立另一个方程式(2.2-3),然后联立求解,可求出水库下泄流量过程线、最大下泄流量 q_m、调洪库容 $V_{洪}$ 和水库最高洪水位 $Z_{洪}$。

$$q=f(V) \tag{2.2-3}$$

2.2.2 调洪计算的方法

调洪计算是采用式(2.2-2)和式(2.2-3)进行联立求解,常用的方法有试算法、半图解法和简化三角形法等。

(1) 试算法

试算法是一种最基本的、用途较广的水库调洪计算方法,就是将式(2.2-2)中的各项,用

表 2.2-1 的格式，逐时段进行下泄流量的试算。具体方法如下：

① 根据库容曲线 Z-V 和泄洪建筑物的型式选定泄流公式，计算和绘制水库蓄泄曲线 q-V，见图 2.2-2。

② 分析确定调洪开始时的起始条件，即起调水位（一般为汛限水位或溢洪道堰顶高程）和与之相应的库容、下泄流量。

③ 从调洪开始，按试算法列表（见表 2.2-1）解算各时段末的 V_2、q_2。

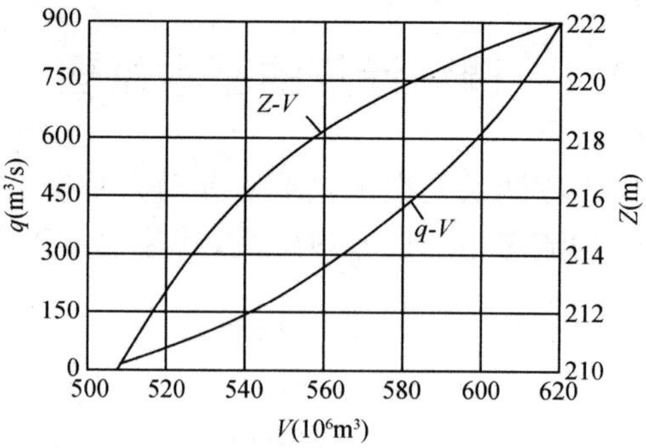

图 2.2-2 水库蓄泄曲线

表 2.2-1 某水库调洪计算表(试算法)

时间 t	时段 Δt	Q	$\frac{Q_1+Q_2}{2}$	$\frac{Q_1+Q_2}{2}\Delta t$	q	$\frac{q_1+q_2}{2}$	$\frac{q_1+q_2}{2}\Delta t$	V	Z
(h)	(h)	(m^3/s)	(m^3/s)	(10^6m^3)	(m^3/s)	(m^3/s)	(m^3/s)	10^6m^3	m
①	②	③	④	⑤	⑥	⑦	⑧	⑨	⑩
0		60			30			540.000	216.10
	6		190	4.104		40	0.864		
6		320			50			543.240	216.30
	6		720	15.552		180	3.888		
12		1 120			310			554.904	216.60
	6		885	19.116		320	6.912		
24		650			330			567.108	218.70
	6		465	10.044		330	7.128		
30		280			330			570.024	219.02
	6		235	5.076		325	7.020		
36		190			320			567.900	218.85

④ 将入库洪水过程线 Q-t 和计算的泄流过程线 q-t 点绘在一张图上。若计算的最大下泄流量 q_m 正好是两线的交点，则计算的 q_m 是正确的；否则，说明计算的 q_m 有误差，应改变计算时段 Δt 再进行试算，直至计算的 q_m 正好是两线的交点为止。

⑤ 由 q_m 查 q-V 曲线，得到最高洪水位的总库容 V_m；由 V_m 查 Z-V 曲线，可得到最高洪水位 $Z_洪$；V_m 减去起调水位以下的库容，得到调洪库容 $V_洪$。

由上述可知，当入库洪水为设计标准下的洪水过程时，所求得的 q_m、$Z_洪$、$V_洪$ 即为设计标准下的最大泄流量 $q_设$、设计洪水位 $Z_设$ 和设计调洪库容 $V_设$；当入库洪水为校核标准下的洪水过程时，所求得的 q_m、$Z_洪$、$V_洪$ 即为校核标准下的 $q_校$、$Z_校$ 和 $V_校$。

(2) 半图解法

半图解法的基本原理仍然是逐时段连续求解水库的水量平衡方程和蓄泄方程，为了方便计算，将式(2.2-2)变换成如下形式：

$$\frac{V_2}{\Delta t}+\frac{q_2}{2}=\frac{Q_1+Q_2}{2}-q_1+\frac{V_1}{\Delta t}+\frac{q_1}{2} \tag{2.2-4}$$

式(2.2-3)变换成如下形式：

$$q=f(\frac{V}{\Delta t}+\frac{q}{2}) \tag{2.2-5}$$

调洪计算时，首先绘制出 $q-f(\frac{V}{\Delta t}+\frac{q}{2})$ 曲线，见图 2.2-3。将第一时段的 Q_1、Q_2、V_1 和 q_1 代入式(2.2-4)，得出时段末的($\frac{V_2}{\Delta t}+\frac{q_2}{2}$)，由此在 $q-f(\frac{V}{\Delta t}+\frac{q}{2})$ 曲线上查得相应的 q_2。本时段的 q_2 和($\frac{V_2}{\Delta t}+\frac{q_2}{2}$)即为下一时段的 q_1 和($\frac{V_1}{\Delta t}+\frac{q_1}{2}$)，重复此过程，便可得到下泄流量过程线 $q-t$。

(3) 简化三角形法

对于小型水库，或做多方案比选时，可采用简化三角形法。简化三角形法的基本假定是：入库洪水过程线 $Q-t$ 和泄流过程线 $q-t$ 的上涨段可近似地简化为直线，如图 2.2-4 所示。

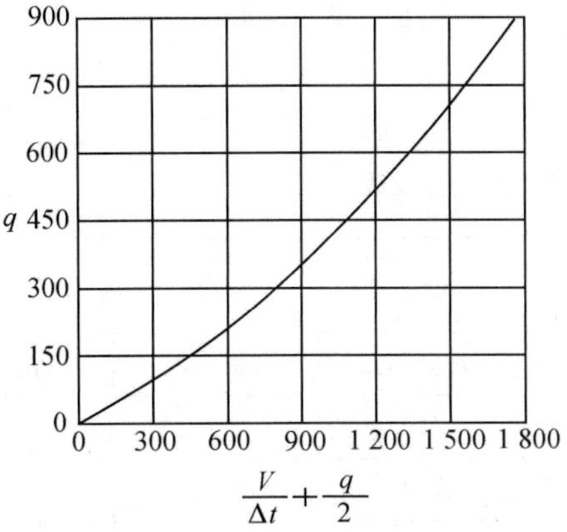

图 2.2-3　水库 $q-f\left(\frac{V}{\Delta t}+\frac{q}{2}\right)$ 曲线图

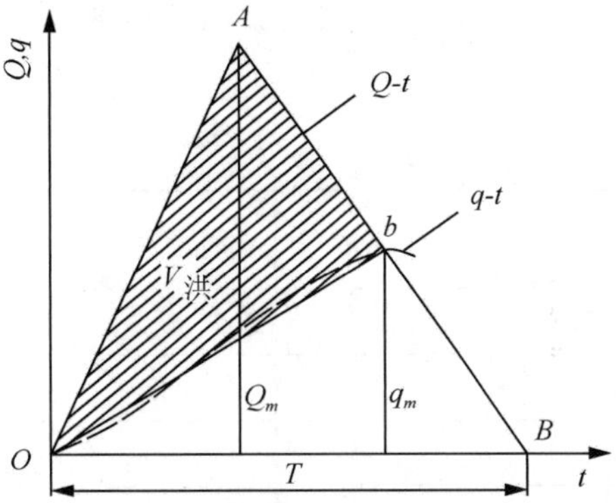

图 2.2-4　简化三角形法水库入流、出流示意图

在图 2.2-4 中，三角形 OAB 面积为入库洪水总量 W，OAb 的面积为调洪库容 $V_洪$。三角形入流过程的洪峰流量为 Q_m，底宽为过程线的历时 T，三角形下泄流量过程的最大流量为 q_m，则根据几何关系有：

$$W=\frac{1}{2}Q_mT \qquad (2.2\text{-}6)$$

$$V_洪=\frac{1}{2}Q_mT-\frac{1}{2}q_mT=\frac{Q_mT}{2}(1-\frac{q_m}{Q_m}) \qquad (2.2\text{-}7)$$

将式(2.2-6)代入式(2.2-7)整理后，得：

$$V_洪=W(1-\frac{q_m}{Q_m}) \qquad (2.2\text{-}8)$$

$$q_m=Q_m(1-\frac{V_洪}{W}) \qquad (2.2\text{-}9)$$

将水库蓄泄曲线与式(2.2-8)、式(2.2-9)联合求解，可求出下泄流量过程线 $q-t$。

2.2.3　考虑动库容的调洪计算

对于水库水面面积较大的湖泊式水库而言，前述方法是满足计算精度要求的，但对峡谷型水库，动库容数值占调洪库容比重较大时，若仍采用前面介绍的方法，则计算结果会产生较大的误差。此时，应采用动库容进行调洪计算。

考虑动库容影响的水库调洪计算，在原理上与静库容调洪计算基本相似。所不同的是采用动库容曲线时，将调洪计算中的 $q=f(V)$ 曲线换成 $q=f(V,Q)$ 曲线，即把用静库容曲线绘制的 q-V 曲线或 q-$f(\frac{V}{\Delta t}+\frac{q}{2})$ 曲线，改成用动库容曲线绘制的以 Q 为参数的 q-Q-V 曲线或 q-Q-$f(\frac{V}{\Delta t}+\frac{q}{2})$ 曲线。q-Q-$f(\frac{V}{\Delta t}+\frac{q}{2})$ 关系曲线的绘制方法见表 2.2-2，q-Q-$f(\frac{V}{\Delta t}+\frac{q}{2})$ 关系曲线见图 2.2-5。

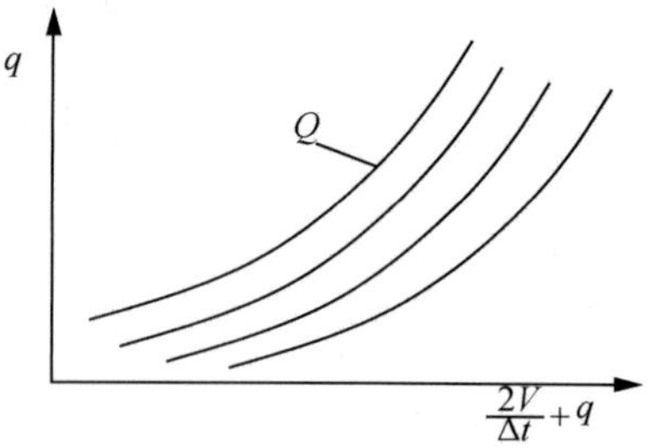

图 2.2-5　水库 q-Q-$f(\frac{V}{\Delta t}+\frac{q}{2})$ 曲线

表 2.2-2　q-Q-$f(\frac{V}{\Delta t}+\frac{q}{2})$ 曲线计算表

坝前水位 Z	入库流量 Q	动库容 V	计算水头 H	下泄流量 q	$\frac{2V}{\Delta t}$	$\frac{2V}{\Delta t}+q$
(m)	(m^3/s)	m^3	(m)	(m^3/s)	(m^3/s)	(m^3/s)
(1)	(2)	(3)	(4)	(5)	(6)	(7)

表中(1)、(2)、(3)栏是由动库容曲线 Z-Q-V 上以 Q 为参数查得的，(4)栏 H 为泄洪建筑物的计算水头，可由坝前水位、溢流堰顶高程或泄洪洞中心高程及下游水位求得，(5)栏由泄流公式或泄流曲线求得，(6)、(7)栏由(3)和(5)栏计算求得。

将式(2.2-2)写成：

$$\frac{2V_2}{\Delta t}+q_2=Q_1+Q_2-2q_1+(\frac{2V_1}{\Delta t}+q_1) \tag{2.2-10}$$

式 $q=f(V,Q)$ 曲线表示为：

$$q=f[(\frac{V}{\Delta t}+\frac{q}{2}),Q] \tag{2.2-11}$$

逐时段联立求解式(2.2-10)和式(2.2-11)，即可求得各时段下泄流量过程线 q-t。

2.3　水库防洪调度

水库防洪调度是一种保障水库安全，实现水库防洪任务，使水库充分发挥综合效益而采取的控制运用方式。它涉及水库上下游的安全和综合效益的发挥，对国民经济产生很大影响。

水库防洪调度的主要任务是保障工程安全，有效地利用防洪库容拦蓄洪水、削减洪峰、减免洪水灾害，正确处理防洪与兴利的矛盾，充分发挥水库的综合效益。

2.3.1 水库防洪限制水位的确定

江河洪水在一年中集中出现的时期称为汛期。我国各河流所处的地理位置、气候条件和降雨季节不同，汛期长短不一，有长有短，有早有晚，即使是同一条河流的汛期，各年情况也不尽相同，有早有迟，汛期来水量相差很大，变化过程也是千差万别。

为了水库的防洪安全，在整个汛期内，都要将水库水位控制在某一水位以下，只有当遭遇到大洪水时，才允许暂时超过这一水位，洪水过后，应立即回到这一水位，这个水位就称为防洪限制水位，亦简称为汛限水位，它是汛期内水库允许的上限水位。水库可根据汛期各个时期洪水大小、特性的不同，分期拟定不同的防洪库容，制定不同的汛限水位，分期蓄水，分期进行防洪调度，充分利用防洪库容，用于兴利。

1. 分期洪水的推求

将整个汛期进行时段划分，首先要对流域的暴雨成因或洪水特性进行分析研究，找出暴雨洪水的变化规律，将汛期按不同类型的洪水进行划分，然后根据防洪标准，分别进行洪水统计，求出不同时期的设计洪水。

(1) 洪水分期的划分方法

汛期分期划分主要依据水库所在流域的气候、降水规律和江河涨水等具体条件。分期洪水的确定，可根据气象上明显不同的界限进行分析，比如，江浙沿海一带就有梅汛期和台汛期之分；也可通过统计暴雨洪水的规律来分析。

1) 根据天气系统的变化规律进行划分

我国北方水库的汛期一般为6—9月，从气象上看可划分为两个明显的时期，即前汛期和后汛期。前汛期一般为6—7月份，这一时期主要受极峰北进的影响，太平洋副热带高压逐步增强，十分活跃，逐步北移及西伸。而此时北方冷空气仍有南下，西南季风往往又送来充沛的水气，如遇高压阻塞，加上地形影响就可能造成特大暴雨洪水，这种洪水涨势迅猛。后汛期一般为8—9月份，这一时期主要受极峰南撤的影响，造成强度不是很大的降雨，但其范围广、历时长，也可能形成特大洪水，其量虽然很大，但涨势较慢，洪峰流量相对不大。

长江中下游地区降水量一般年内变化较大，降水主要由锋面气旋，台风和热带风暴影响所致。春末夏初(4月16日—7月15日)，副热带高压与北方冷空气在长江中下游交会，形成静止锋徘徊，降水量大，历时长，常常由此形成大洪水，俗称梅汛期；夏秋季节(7月16日—10月15日)常受副热带高压控制，天气干旱少雨，有时有局部雷阵雨发生，此时也是台风和热带风暴活动频繁季节，由其过境或外围活动影响产生的暴雨或大暴雨，历时短但强度大，也会引发大洪水，称为台汛期。

2) 根据暴雨洪水特性统计资料进行划分

通过统计年最大或大于某一标准的暴雨洪水在各月、旬出现的次数，或统计所占百分比，来确定洪水分期的划分日期。比如，某水库坝址以上48年实测降水量资料统计，年最大取样的最大24 h暴雨48年系列中，有32次发生在6—8月，占66.7%，尤其集中在7月，共发生20次，占6—8月的62.5%；历年最大24 h暴雨量最大者发生在1954年7月11日，为

222.8 mm；9 月份发生年最大 24 h 暴雨为 5 次，占 1.2%；10 月份至翌年 5 月，出现较大暴雨的机会极少，全系列中已出现过的最大值仅为年最大取样计算均值（约 3 年一遇）的 78%～97%，其中尤以 11 月至翌年 3 月出现暴雨的机率最小。据上述统计，该水库的主汛期确定为 6—8 月，9 月份为后汛期，即将汛期 6—9 月划分为二个分期。

（2）分期设计洪水的推求

分期洪水设计过程线的确定，通常根据分期洪水的时间界限，分别进行洪水统计。按设计的防洪标准，采用水文计算方法，分别对各分期洪水进行频率分析，求出各分期的设计洪峰流量和设计洪水总量，再选择典型洪水过程进行放大，得出不同设计标准的各分期设计洪水过程线。

2. 分期汛限水位的推求

分期设计洪水过程线确定后，按上一节介绍的洪水调节计算方法，根据水库的具体情况，进行调洪计算，即可求出所需的防洪库容、汛限水位等。

（1）无闸门开敞式溢洪道水库防洪限制水位的推求

一般来说，对于开敞式溢洪道的水库，其溢洪道堰顶高程即为防洪限制水位，也是水库的正常蓄水位。但在实际操作中，很多水库在汛期都限制蓄水，其蓄水位在溢洪道堰顶高程以下，这个水位即为防洪限制水位，可通过调洪演算来确定。

由于防洪限制水位在溢洪道顶高程以下，洪水来临时，一部分洪水首先拦蓄在防洪限制水位至溢洪道顶之间的库容中，称为蓄洪库容，如图 2.3-1 中的 V_1。这样，溢洪道顶以上的至允许最高洪水位（Z_m）之间的滞洪库容（$V_滞$）只需对剩余洪量（V_m-V_1）进行调节。由于防洪限制水位 $Z_限$ 未知，V_1 也不能确定，故只能通过试算来确定 $Z_限$。具体做法如下：

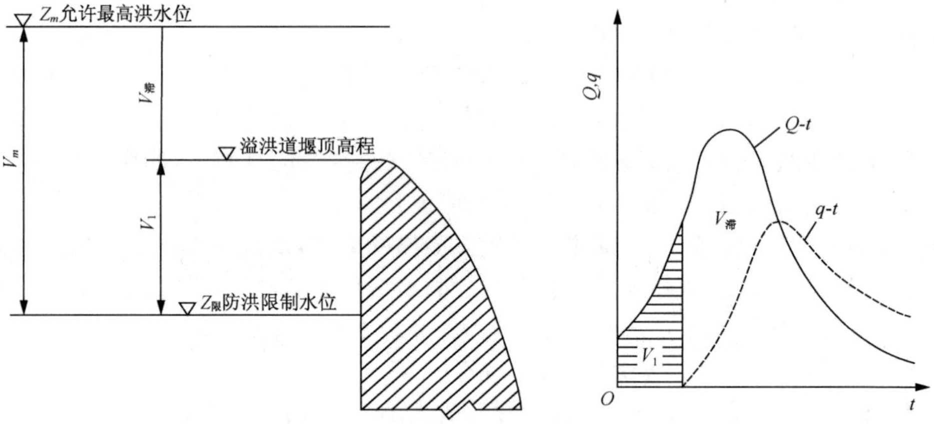

图 2.3-1　无闸门开敞式溢洪道防洪限制水位及调洪演算示意图

首先假设一个防洪限制水位 $Z'_限$，从库容曲线上查得相应的 V_1，从入库洪水过程线 Q-t 上扣除 V_1，并对其余部分进行调洪演算，得到一个相应的允许最高洪水位 Z'_m，若 $Z'_m=Z_m$，则假设的 $Z'_限$ 即为所求的防洪限制洪水位 $Z_限$；如 $Z'_m\neq Z_m$，则重新假设 $Z'_限$，再进行调洪演算，直至两者相等。

（2）有闸门控制水库防洪限制水位的推求

水库溢洪道有闸门控制时，防洪限制水位一般在溢洪道堰顶高程与允许最高洪水位之间，如图 2.3-2 所示。有闸门控制水库防洪限制水位的确定分为下游无防洪要求和有防洪任务两种情况。

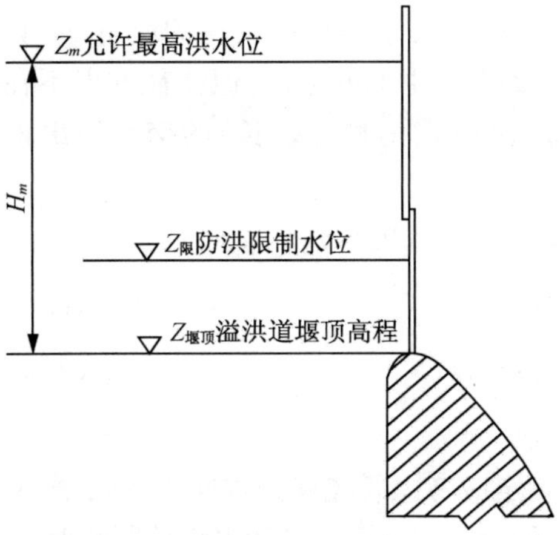

图 2.3-2　有闸门时防洪限制水位示意图

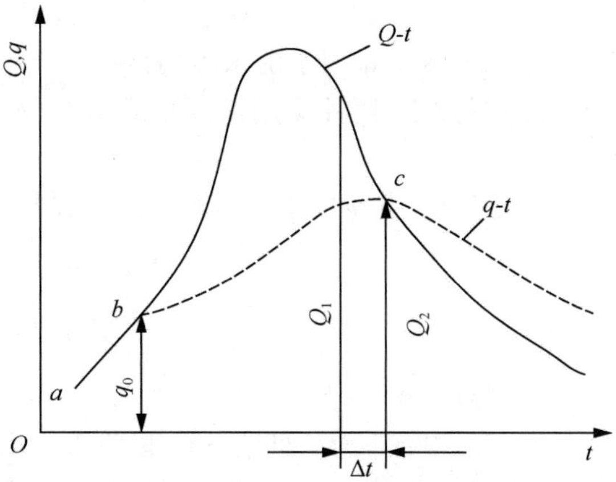

图 2.3-3　有闸控制下游无防洪要求时调洪演算图

1）下游无防洪要求时

因水库下游无防洪要求，水库的最大下泄流量可不受限制，防洪计算主要是为确保大坝安全。进入汛期后，水库一直控制在防洪限制水位运用，当洪水来临时，溢洪道闸门逐渐开启，控制下泄流量等于入库流量，直至入库流量等于闸门全部开启时的下泄流量，如图 2.3-3 中 ab 段。在此期间，库水位保持在 $Z_{限}$ 不变。b 点以后，入库流量增加，开始大于闸门全部开启的泄洪能力，溢洪道形成自由出流，下泄流量随库水位的升高而增大。至 c 点，库水位达到最高，下泄流量也达到最大，此时的入库流量等于下泄流量，即 $Q = q_m$。c 点以后，随着入库流量的减小，库水位逐渐下降，下泄流量也逐渐减小。

为了避免试算，可从 Z_m 开始向下调洪计算，这种方法称为调洪逆时序计算法。该方法仍是依据调洪计算原理，所不同的是，将允许最高洪水位 Z_m 作为起始条件，其相应的泄流量和蓄水量作为每一个时段末的值 q_2、V_2，逆时序调节计算求逐时段的 q_1、V_1，进而得到防洪限制水位。可用调洪计算的单辅助线法或试算法逆时序反推求得。其主要步骤如下：

① 计算最大下泄流量 q_m

在溢洪道最大泄量时，泄洪水头最大，即 H_m，其最大下泄流量为

$$q_m = m_1 B H_m^{3/2} \tag{2.3-1}$$

式中：m_1 为流量系数；B 为溢洪道净宽，m；H_m 为堰顶最大水头，m。

② 绘制设计洪水过程线 Q-t，在入流过程线 Q-t 退水段找出 $Q=Q_2$ 的时刻（即图 2.3-3 中的 c 点），由此时刻起逆时序按 Δt 划分时段，从图上读出各时段始、末的入流量 Q_1 和 Q_2。

③ 由水量平衡方程和蓄泄方程可得逆时序调节计算的公式：

$$\frac{V_1}{\Delta t} - \frac{q_1}{2} = \frac{V_2}{\Delta t} - \frac{q_2}{2} - \frac{Q_1 + Q_2}{2} + q_2 \tag{2.3-2}$$

并绘制 q-$f(\frac{V}{\Delta t} - \frac{q}{2})$ 曲线与之联合求解。由已知的最大泄量 q_m 作为最后一个时段末的泄量

q_2，若 c 点在时段分界处，则由式(2.3-2)可计算$\dfrac{V_1}{\Delta t}-\dfrac{q_1}{2}$，并由此值查辅助曲线 $q-f(\dfrac{V}{\Delta t}-\dfrac{q}{2})$得最后一个时段初的泄量 q_1。若 c 点不在时段分界处，则应采用试算法，求时段初的 q_1、V_1。将 q_1 作为前一时段末的 q_2，如此继续前推，用半图解法依次可求得逐时段初的泄量 q_1，直至某一时刻的泄流量 q_0 等于涨水段的某一入流量 Q(图 2.3-3 中的 b 点)。但往往 b 点不在时段 Δt 的分界点上，因此需用试算法或由 $Q-t$ 线和 $q-t$ 线(向前稍加延长)的交点得出该点流量。

④ 相应于泄量 q_0 的水位，即为防洪限制水位 $Z_{限}$。由下式可求得

$$H_{限} = [q_0/(m_1 B)]^{2/3} \tag{2.3-3}$$

$$Z_{限} = 堰顶高程 + H_{限} \tag{2.3-4}$$

2）下游有防洪任务时

当水库承担有下游防洪任务时，防洪限制水位的确定应考虑既能保证水库工程安全，又能满足下游的防洪要求。下游有防洪任务时防洪限制水位分为固定泄流量和多级控制情况。

在固定泄流量情况下推求防洪限制水位时须采用试算法。首先，根据下游防洪标准的设计洪水过程线，假定一个防洪限制水位 $Z'_{限}$，下泄流量按下游安全泄量 $q_{安}$ 控制，进行调洪演算，求得相应于下游防洪标准的 $V_{防1}$，见图 2.3-4(a)。然后根据枢纽设计洪水过程线，仍用假定的防洪限制水位 $Z'_{限}$ 进行调洪演算，见图 2.3-4(b)，开始时仍按 $q_{安}$ 控制下泄，当 $V_{防1}$ 蓄满后，因来水仍大于下泄流量，库水位继续上升，下泄流量超过 $q_{安}$，并继续增大，至最大下泄流量 q_m，这时的调洪库容 $V_m=V_{防1}+V'_{防}$，相应的最高洪水位为 Z'_m，若 $Z'_m=Z_m$，则假设的$Z'_{限}$即为所求的防洪限制洪水位 $Z_{限}$；如 $Z'_m \neq Z_m$，则重新假设 $Z'_{限}$，再进行调洪演算，直至两者相等。

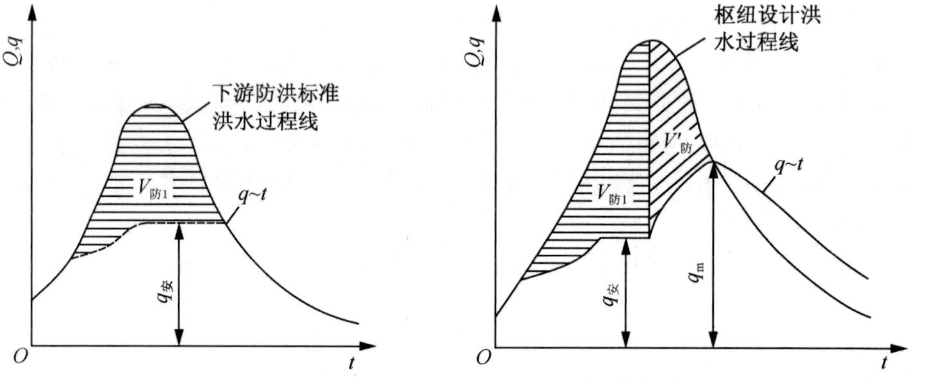

图 2.3-4　有闸控制固定下泄流量时调洪演算示意图

若下游防洪控制断面过流量为分级控制，此时，先根据下游各防洪标准的洪水过程线，从假定的防洪限制洪水位 Z'_m开始进行调洪演算，计算出各相应的 $V_{防1}$，$V_{防2}$，…，$V_{防n}$。然后，根据枢纽设计洪水过程线进行调洪演算，求得最大下泄流量 q_m，这时的调洪库容 $V_m=V_{防n}+V'_{防}$，相应的最高洪水位为 Z'_m，若 $Z'_m=Z_m$，则假设的 $Z'_{限}$即为所求的防洪限制洪水位 $Z_{限}$；如 $Z'_m\neq Z_m$，则重新假设 $Z'_{限}$，再进行调洪演算，直至两者相等。

在水库实际运用中，为了便于操作，通常把库容转换成水位，以库水位作为判别条件，开展水库调度工作。

2.3.2 水库防洪调度图

水库调度图是指导水库运行的控制曲线图。它以时间(月、旬)为横坐标，以水库水位或蓄水量为纵坐标，由一些控制水库蓄水量和供水量(或电站发电出力)的指示线，划分出不同的供水区(或供电区)，是指导长期调节水库控制运用的主要工具。为了有效地利用防洪库容，合理解决水库安全与下游防洪安全、防洪安全与兴利蓄水之间的矛盾，一般水库都要绘制防洪调度图。

防洪调度图由水库在汛期各个时刻的蓄水指示线组成。这些指示线包括死水位、防洪限制水位、正常蓄水位、防洪高水位、设计洪水位、校核洪水位和防洪调度线，见图 2.3-5。

防洪调度图中的死水位和正常蓄水位是通过兴利调节计算确定的。设计洪水位、校核洪水位和防洪高水位是以防洪限制水位为起调水位，分别对水库设计洪水、校核洪水及相应于下游防洪标准的洪水进行调洪计算而确定的。

水库防洪调度线是根据下游防洪标准的设计洪水过程线，从防洪限制水位开始，进行调洪计算而得出的水库蓄水指示线。绘制防洪调度线的依据是各标准的设计洪水过程线和下游控制断面的安全泄量 $q_{安}$，起调水位是防洪限制水位，起调时刻为汛末。防洪调度线就是从汛末开始，经调洪演算计算的各时刻相应库水位的连线。

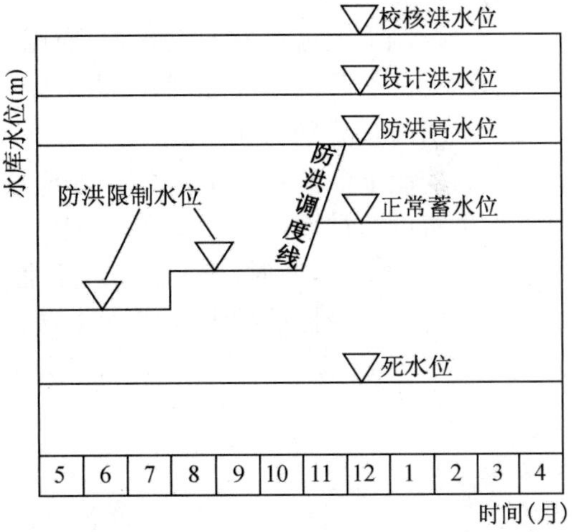

图 2.3-5 水库防洪调度图

水库防洪调度区是指为水库防洪调度预留的水库蓄水区域，该区域的下边界是防洪限制水位，右边界是防洪调度线，上边界是对应各种标准设计洪水的防洪特征水位(防洪高水位、设计洪水位、校核洪水位)。防洪限制水位、防洪调度线及防洪高水位之间的区域为正常防洪区，该区是为防范下游防洪设计标准洪水而预留的防洪库容，在此区域内水库最大下泄流量为 $q_{安}$；防洪高水位、防洪调度线及设计洪水位之间的区域为加大泄洪区，该区域是针对枢纽设计洪水而额外预留的调洪库容，在发生枢纽设计标准洪水时，为确保大坝安全，水库最大下泄流量将大于 $q_{安}$；设计洪水位、防洪调度线及校核洪水位之间的区域为非常泄洪区，该区域是针对枢纽校核洪水而额外预留的调洪库容，在发生枢纽校核标准洪水时，为确保大坝安全，水库最大下泄流量不仅大于 $q_{安}$，同时也大于设计洪水时的最大下泄流量。

2.3.3 防洪调度方式的拟定

水库的防洪调度不仅关系到水库和下游的安全，也直接关系到水库效益的发挥。水库防洪调度图只能对防洪调度作出概化性的指导，因水库承担的防洪任务，以及每次洪水特性的不同，还需要制定更为详细的水库防洪调度运行方式。水库的防洪调度方式，一般可按下游有防洪任务和无防洪任务两种方式制定。

1. 下游有防洪任务的水库调度方式

在我国，大多数水库都承担着下游的防洪任务，这样，水库不仅要保证其自身的防洪安全，而且要保证水库下游的防洪安全。根据水库下游控制点的远近不同，可按考虑区间来水和不考虑区间来水两种方式来制定防洪调度方式。

(1) 不考虑区间来水的调度方式

在水库距离下游防洪控制点较近的情况下，区间来水较小，其来水量可忽略不计，这时，可采用固定下泄流量的调度方式。其固定的下泄流量大小，应视下游保护对象的重要性及抗洪能力而定。主要的原则应是在保障水库水工建筑物安全的情况下，尽量满足下游的防洪要求。如果下游防护对象的防洪能力不同，且灾后损失也不同，就应该采用分级控制下泄流量的调洪方式。

分级控制下泄流量的调洪方式，原则上是由小洪水到大洪水逐级进行调节。如某水库下游防洪为两级防洪标准控制，其防洪标准的洪水过程线如图 2.3-6 所示，其不同防洪标准的安全下泄流量分别为 $q_{安1}$、$q_{安2}$。调洪时，首先对最小一级洪水进行调节计算，如图 2.3-6(a)所示，控制下泄流量为 $q_{安1}$，求出相应的 $V_{防1}$ 和防洪高水位 $Z_{防1}$。然后再对次一级下游防洪标准进行调节计算，如图 2.3-6(b)所示，开始时，先控制下泄流量为 $q_{安1}$，到 t_2 时刻时，水库蓄水量已达 $V_{防1}$，此时，开始按 $q_{安2}$ 下泄，并求出防洪库容 $V_{防2}$ 和相应的防洪高水位 $Z_{防2}$。之后再对更高一级标准的洪水按上述方法进行调节计算。当来水超过下游防洪标准之后，如图 2.3-6(c)所示，则以保坝为主，即刻加大下泄量直至敞泄。

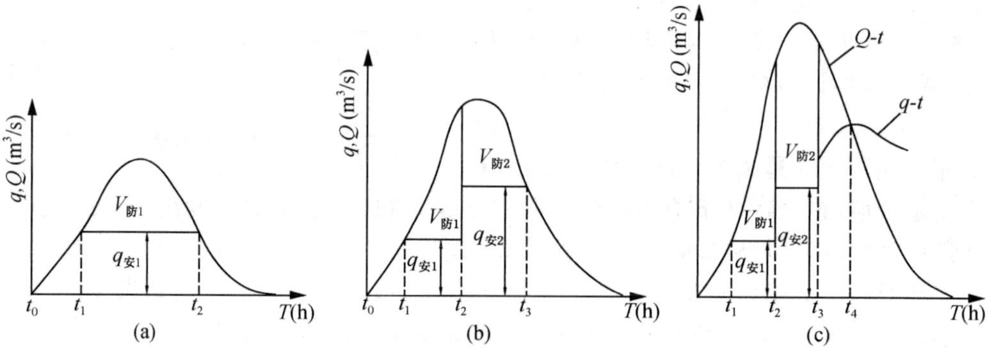

图 2.3-6　分级调洪示意图

(2) 考虑区间来水的调度方式

当水库距下游防洪控制点较远，区间集水面积较大时，区间的来水就不可忽略了，要充分发挥防洪库容的作用，采用补偿调节或错峰调节的调度方式。

1) 补偿调节

补偿调节就是水库的下泄流量加上区间来水，要小于(等于)下游防洪控制点允许的安全过流量 $q_{安}$，这就要求在区间洪水通过防洪控制点时减少水库的下泄流量。如图 2.3-7 所示，$Q_{区}-t$ 为区间洪水过程线，$Q-t$ 为入库洪水过程线，区间洪水到防洪控制点的洪水传播时间与水库下泄流量到控制点的传播时间差为 Δt，将 $Q_{区}-t$ 移后 Δt，并倒置于 $q_{安}$ 下，则水库各时刻的下泄流量过程线为 $abcde$ 所示。

2）错峰调节

当区间洪水汇流时间太短，水库无法根据区间洪水过程线逐时段放水时，为了使水库下泄流量与区间来水之和不大于下游防洪标准的安全泄量，只能根据区间洪水的出现时间和过程，水库在一定时间内控制泄流，错开洪峰。

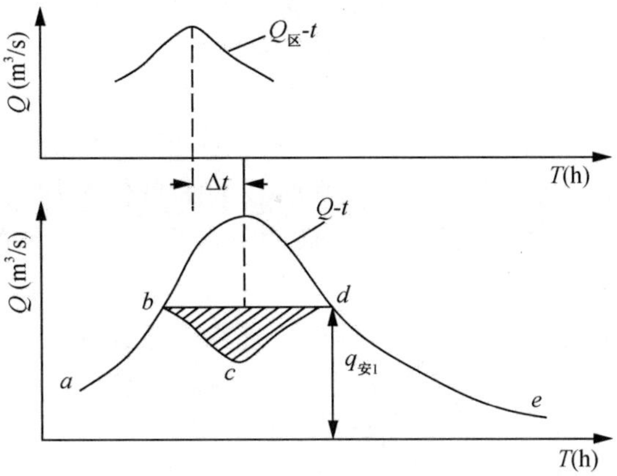

图 2.3-7　补偿调节示意图

2. 下游无防洪任务的水库调度方式

下游不承担防洪任务的水库防洪调度主要是保证水库水工建筑物的安全，这种情况下，水库的下泄流量不受限制，可以按最大下泄能力进行泄流。

水库溢洪道不设闸门时，一般情况下，水库的正常蓄水位与溢洪道堰顶同高，水位超过堰顶，即可自由泄流，其下泄流量的大小取决于库水位的变化。

大多数水库为了更好地利用水资源，溢洪道上一般都设有闸门，主要是为了抬高兴利蓄水位和增加泄洪时的初始下泄流量。当洪水来临时，逐渐开启闸门，控制下泄流量与来水流量相等，此时水库水位不变化。随着来水量的增加，闸门逐渐加大直至全部打开，形成自由泄流，库水位上升，泄流量增大。当入库流量洪峰到达时，库水位达到最高。此后，来水量逐渐减小，小于下泄流量，控制闸门逐渐关闭，使库水位仍保持在防洪限制水位。这种调度方式的优点是：在一次洪水调节过程中，水库的水位始终不低于防洪限制水位，水库也不会因后期的洪水较小，而影响汛后的蓄水。但其缺点是闸门操作频繁。

3. 入库洪水的判别

拟定合理的防洪调度方式，是实现水库对洪水进行合理调节，适时蓄泄，确保水库安全，提高水库综合效益的重要环节。而要实现合理的防洪调度，取决于对入库洪水判别是否正确。目前在根据气象水文信息尚不能做出准确及时的洪水预报的情况下，对入库洪水的判别只能借助于库水位、洪峰流量或两者相结合的方法。

（1）以入库流量作为判别条件

用入库流量判别入库洪水的标准，是以各种频率的洪峰流量作为判别的依据。在实际应用中，常采用根据水库水位的涨率反推入库流量的方法。也可根据预报的洪峰流量来判别，但要求有较高的预报精度。这种方法一般适用于调洪库容相对较小，洪峰流量对库水位的变化起主要作用的水库。

（2）以库水位作为判别条件

如果水库的防洪库容较大，下游防洪任务又较重，可采用库水位判别法，就是以某频率洪水的调洪最高水位作为判别洪水量级的标准。具体方法是：将各种防洪标准的设计洪水，按下游分级控制泄量的要求，由小洪水到大洪水，逐级逐次地推算出各种防洪标准洪水的最高库水位。当发生洪水时，应用推算出的成果，可根据水库的水位判别该洪水的标准，从而按规定的允许泄流量泄洪。

(3) 以峰前量作为判别条件

以入库流量作为判别条件时，虽可提早判别洪水频率，但要求预报精度高，可靠性较差；以水位作为判别条件时，所需的防洪库容又较大。所以提出了以峰前量作为判别条件的方法，主要是以主峰前段的洪量作为加大泄量的依据，如图 2.3-8 所示。当水库的泄量为 q 时，所需的防洪库容为 $V=V_1+V_2$，其中 V_1 为峰前量。当入库洪水出现洪峰 Q_m 时，水库已蓄了 V_1，此后必然还会有退水部分的水量进入水库，并需水库继续蓄水 V_2。若选择的典型洪水有足够的可靠性，则在峰前部分已蓄水 V_1 的情况下，就可以判别这次洪水总的蓄水量将达到 V。实际运用时，若某次洪水峰前蓄水量超过了 V_1，即可认为该场洪水已超过该标准，可改按下一级标准调度。

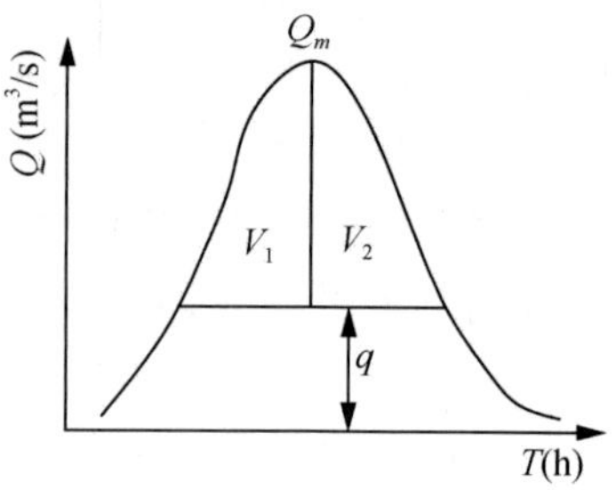

图 2.3-8　峰前量示意图

2.3.4　洪水预报调度

洪水预报是预测江河未来洪水要素及其特征值的一门应用技术科学。近二三十年来，电子技术、遥感测遥技术、水文模拟技术以及信息论、系统论、控制论等新技术和新理论的发展已改变了水文情报预报的技术面貌。预报作业时间越来越短，预报精度越来越高。在洪水到来之前，可以使水库进行预泄，腾出一部分库容，提高水库的抗洪能力；洪峰过后，尽量拦蓄洪尾，以满足水库兴利要求。

1. 利用预报预泄

利用洪水预报进行预泄的目的是在洪水到来之前，腾出一部分汛限水位以下的库容用于调蓄即将来临的入库洪水。在水库得到流域降雨信息后，便可通过洪水降雨径流预报，得出入库流量过程。如图 2.3-9 所示，在 t_0 时刻，水库的水位为汛限水位，根据洪水预报的预见期、入库洪水过程线 $Q-t$ 和下游安全泄量 $q_安$，水库开始加大水库下泄流量，至 t_1 时刻，腾出一部分库容 V_1，此后入库流量大于 $q_安$，水库蓄水量逐渐增加，到 t_2 时刻达到最大量。在不考虑预泄的情况下，水库所需的防洪库容为 V_2，而预泄后，实际所需的防洪库容为 V_2-V_1。可见，在利用洪水预报进行预泄的情况下，可以减少专用的防洪库容，提高水库的综合利用效率。

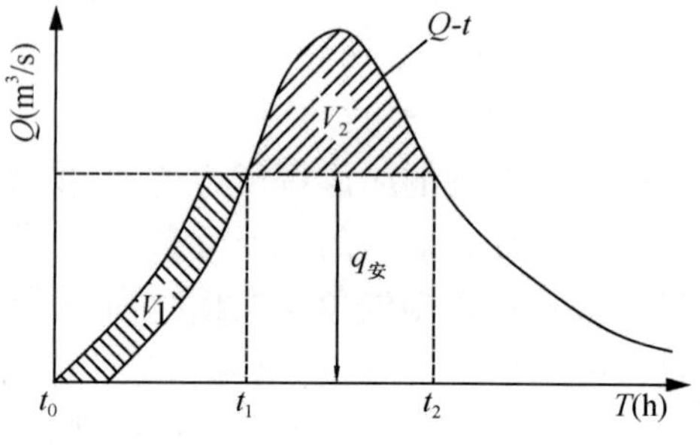

图 2.3-9　洪水预泄示意图

2. 利用预报拦蓄洪水余量

水库能否在汛末及时拦蓄洪水余量，使水库水位达到正常蓄水位，关系到能否在未来的枯水期内保障供水需求。因此，准确掌握蓄水时机，争取在汛末蓄满水库非常重要。

汛末关闸蓄水的时间，需要通过分析历年的水文规律、本流域的洪水特性、当年的天气形势，以及中短期洪水预报，结合水库调度的经验、综合分析确定。根据洪水退水规律，绘制退水流量 Q 与洪水余量 W、洪水频率 $P\%$ 的相关图，如图 2.3-10 所示。当已知洪水

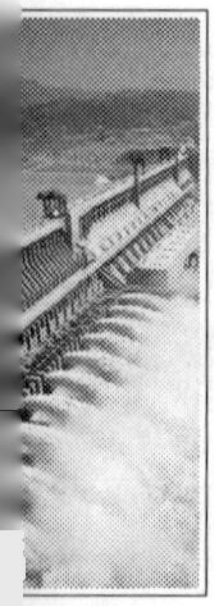

的量级和水库所需蓄水量时，可在图上查得相应的退水流量，也就得到了相应的关闸蓄水时间。

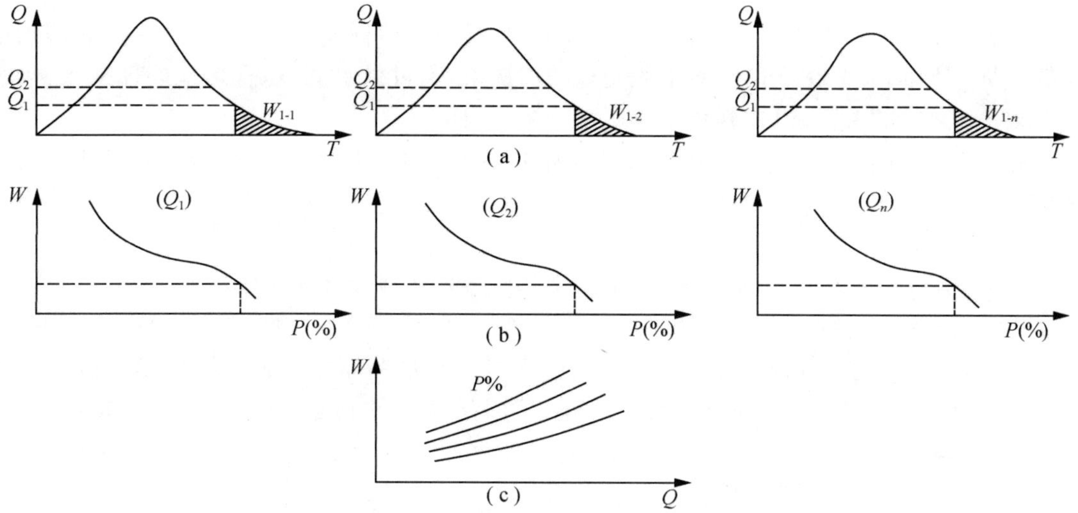

图 2.3-10　Q-W-$P\%$相关图

Q-W-$P\%$相关图绘制过程如下：

(1) 在实测的洪水资料中选取若干次消落缓慢的洪水过程。

(2) 假设若干退水流量 $Q_1, Q_2, \cdots, Q_n$，并分别统计各种退水规律 Q_i 相应的洪水余量 W，如图 2.3-10(a)所示。

(3) 分别绘制每一退水流量相应洪水余量的频率曲线，如图 2.3-10(b)所示。并于图上查得各种流量同一频率下的洪水余量。

(4) 绘制以 $P\%$ 为参数的退水流量 Q 与洪水余量 W 的相关图，如图 2.3-10(c)所示。

根据预报得知汛末出现的洪水量级之后，利用 Q-W-$P\%$相关图，按当时应增加的蓄水量 W，查出相应的退水流量，关闸蓄水。

2.4　水库兴利调度

水库兴利调度的任务是，依据规划调度的开发目标，合理调配水量，充分发挥水库的综合利用效益。编制水库兴利调度计划，应根据当年(期、月)来水的预测、各有关部门对水库供水的要求、各时段的水库兴利调度指标，制定具体供水计划。

水库兴利调度常根据水库调度图来实现。调度图由一些基本调度线组成，这些调度线是具有控制性意义的水库蓄水量(或水位)变化过程线，是根据以往水文资料和枢纽的综合任务绘制出的。水库调度运用时，可根据水利枢纽在某一时刻的水库蓄水情况及其在调度图中相应的工作区域，决定该时刻的水库操作方法。

2.4.1 年调节水库供水调度图的绘制

每年河流的天然来水有丰有枯，各部门的缺水量也不一样，供水期开始时水库的蓄水量有多有少。所以，需要在保证水库工程安全的前提下，通过供水调度，合理地处理来水、供水和蓄水三者之间的关系，以达到科学利用水资源的目的。

在水库供水调度过程中，供水调度图起着重要的指导作用。下面介绍供水调度图的绘制方法。

1. 选择代表年

绘制年调节水库的供水调度图，可采用实际代表年法或设计代表年法。

(1) 实际代表年法

从实测的年来水量和年用水量系列中，选择年来水量和年用水量都接近供水设计保证率的年份 3～5 年。其中，应包括不同年内分配的来水和用水典型，如供水期来水量较少、偏前、偏后等各种情况。

兴利调节计算中，原设计用长系列法求得的兴利库容 $V_{兴设}$ 与现在求得的 $V_{兴}$ 可能不同，在编制调度图时，如果调度线的最高蓄水位低于正常蓄水位，可选取所需最大蓄水量略高于 $V_{兴设}$ 的某一个年份，作为代表年之一。

(2) 设计代表年法

将上述所选的实际来水量、用水量都分别缩放，转换为与设计保证率相应的设计年来水量、用水量。所求得的各设计代表年的来水量、用水量都是相等的，只是其年内分布各不相同。

2. 计算与绘制兴利调度图

按上述两种方法选出代表年后，对所选择的代表年来水量、用水量作年调节计算，方法与兴利计算相同。从死水位开始，逆时序逐月进行水量平衡计算，遇亏水相加，遇余水相减。一直计算到水库开始蓄水的时刻，即可得出各月末应蓄水量及其相应的库水位。之所以从死水位开始逆时序调节，是因为年调节水库每年供水期末可降至死水位，只要求供水期开始时的水库所蓄水量能满足用水就可以了。

分别对每个代表年以同样的方法进行调节计算，得到若干条水库水位与时间的关系线(即调度线)，绘于同一图上(见图 2.4-1)。连接各月水位的最高点得到外(上)包线；连接各月水位的最低点得到内(下)包线。外包线与内包线之间的区域为正常供水区。外包线以上为加大供水区，因为按保证率供水，水库蓄水量不必再多于外包线。如果外包线以上再有多余的水，就可加大供水，故外包线为加大供水线；否则，在外包线以下加大供水，就可能引起正常供水的破坏，故外包线也是防破坏线。内包线以下是减少供水区，因为水库蓄水若低于内包线水位，按保证率供水就没有保证，故应限制供水，尽可能使库水位保持在正常供水区内，故内包线也是限制供水线。

某年调节水库以灌溉供水为主，兼有防洪、发电等综合利用效益。供水设计保证率 $P=80\%$。水库供水调度图编制步骤如下：

(1) 整理有关水库设计资料

① 设计年径流特征值：多年平均年径流量 $\overline{W}=3.59$ 亿 m^3，$C_V=0.38$，$C_S=2C_V$，$W_{80\%}=2.41$ 亿 m^3。

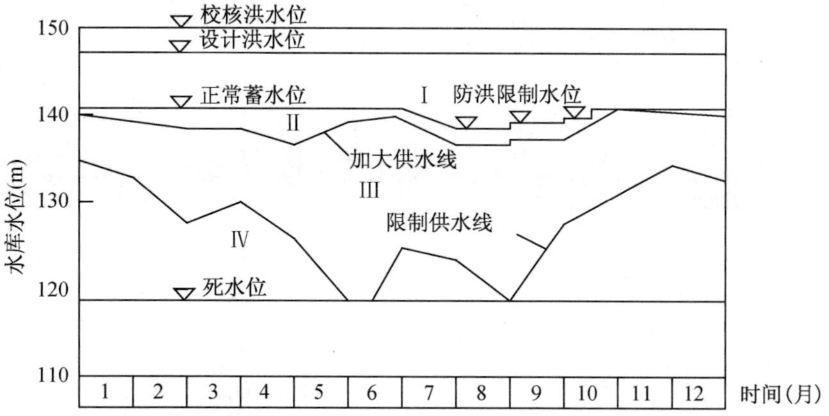

I—调洪区；II—加大供水区；III—正常供水区；IV—减少供水区

图 2.4-1　某年调节水库供水调度图

② 水库正常蓄水位为 141.20 m。

③ 水库设计洪水位、校核洪水位、防洪限制水位如图 2.4-1 所示。

④ 死库容为 155 万 m^3，死水位为 118.00 m。

(2) 选择代表年

在水库实测来水量、供水量系列中，分别选择几个接近设计保证率的，其逐月来水量、供水量统计见表 2.4-1。

表 2.4-1　代表年逐月来水量、供水量统计　　单位：万 m^3

分类	实测代表年	经验频率(%)	月份 1	2	3	4	5	6	7	8	9	10	11	12	全年
来水量	1977	72	354	34	771	4 728	5 933	443	8 965	2 014	1 536	2 481	1 495	597	29 351
	1978	78	474	423	1 360	1 074	2 516	5 369	5 950	1 603	619	787	972	456	21 603
	1972	83	540	480	2 815	1 788	3 950	3 016	1 008	302	2 061	2 153	2 818	549	21 480
	1976	89	859	940	1 446	1 050	3 651	1 881	2 798	1 054	1 169	2 116	1 163	653	18 780
供水量	1977	72	208	185	515	954	2 731	3 747	2 558	3 445	1 938	1 980	1 580	337	20 178
	1972	78	1 177	1 138	1 340	3 216	3 486	4 238	3 540	1 638	621	520	111	305	21 330
	1989	83	1 276	1 457	1 670	1 328	2 184	2 270	3 190	3 136	1 368	999	1 440	1 432	21 750
	1976	89	1 330	1 347	1 591	2 076	3 301	4 117	2 947	1 785	1 008	519	1 385	712	22 118

注：来水量为水库净水量，已扣除蒸发、渗漏等损失；供水量为水库毛供水量，按年调节估算。

(3) 各代表年分别作逆时序调节计算

表 2.4-2 为 $P=78\%$ 的调节计算，由供水期末死水位开始起调，作逆时序计算，遇亏水量相加，遇余水量相减，一直计算到上年 6 月，6 月只需蓄水 858 万 m^3 即可，而来水量为 1 130 万 m^3，则可按来水量与供水量的比例求出 6 月蓄水的天数为 $858\div1\ 130\times30=23(\mathrm{d})$，故从 6 月 8 日开始蓄水即可。

表 2.4-2　$P=78\%$的实测代表年逆时序调节计算过程

月份	来水量（万 m^3）	供水量（万 m^3）	来水量 — 供水量（万 m^3）		月末蓄水量（万 m^3）	月末库容（万 m^3）	月末水位（m）	弃水量（万 m^3）	缺水量（万 m^3）
			+	—					
(1)	(2)	(3)	(4)	(5)	(6)	(7)	(8)	(6)	(10)
6	5 369	4 239	1 130		858	1 013	126.60	272	
7	5 950	3 540	2 410		3 268	3 423	136.40		
8	1 603	1 638		35	3 233	3 388	136.30		
9	619	621		2	3 231	3 386	136.20		
10	787	520	267		3 498	3 653	136.80		
11	972	111	861		4 359	4 514	139.30		
12	456	305	151		4 510	4 665	139.60		
1	474	1 177		703	3 807	3 962	137.60		
2	423	1 138		715	3 092	3 247	135.40		
3	1 360	1 340	20		3 112	3 267	135.60		
4	1 074	3 216		2 142	970	1 125	127.30		
5	2 516	3 486		970	0	155	118.00		
Σ	21 603	21 331	4 839	4 567					

以 $\sum(2)-\sum(3)=\sum(4)-\sum(5)=272\ m^3$（弃水量）作校核。

将各代表年逆时序调节计算成果汇总于表 2.4-3 中。

表 2.4-3　各种保证率实测代表年逆时序调节计算成果汇总

保证率（%）	各月末蓄水位(m)												弃水量（万 m^3）	缺水量（万 m^3）
	1	2	3	4	5	6	7	8	9	10	11	12		
72	118.00	118.00	118.00	119.60	136.40	118.00	131.20	123.60	118.00	119.40	118.00	118.00		
78	137.60	135.40	135.60	127.30	118.00	126.60	136.40	136.30	136.20	136.80	139.30	139.60	9 482	
83	131.40	127.10	132.10	133.80	139.00	140.80	134.80	118.00	127.40	132.40	136.80	134.20	272	270
89	139.20	138.10	137.90	134.60	135.40	126.90	125.80	118.00	137.00	141.10	140.60	140.10		3 338
上包线	139.20	138.10	137.90	134.60	139.00	140.80	136.40	136.30	137.00	141.10	140.60	140.10		
下包线	131.40	127.10	132.10	127.30	118.00	126.60	125.80	118.00	127.40	132.40	136.80	134.20		

注：为了供水安全，以保证率 78%、83%、89%三个代表年的月末蓄水位绘制上、下包线。

(4) 绘制年调节水库供水调度图

根据表 2.4-3 中保证率 78%、83%、89%三个代表年中各月蓄水位最大值为上包线的月末水位，各月蓄水位最小值为下包线的月末水位，点绘在图中，见图 2.4-1，并在图中绘出死水位、正常蓄水位、防洪限制水位、设计洪水位和校核洪水位，即得年调度水库供水调度图。

2.4.2 多年调节水库供水调度图的绘制

多年调节水库供水调度图绘制的方法与年调节水库供水调度图相同，均通过水量平衡调节计算，求出加大供水线和限制供水线。所不同的是多年调节的供水量超过了完全年调节的供水量，需要将丰水年的余水量蓄在水库中供枯水年使用。故多年调节水库一方面调节年内来水量，另一方面调节年际之间的来水量。为此，多年调节水库调度图与年调节比较，不仅反映出供水量增多，而且正常供水区的范围也较大。多年调节水库供水调度线仍是加大供水线和限制供水线，其绘制方法也采用逆时序调节计算法。

1. 多年调节水库加大供水和限制供水的条件

判断多年调节水库加大供水的两个条件：①多年库容已经蓄满；②年来水量大于供水量，有多余水量。为保证枯水年用水，在不动用多年库容 $V_{\text{多年}}$ 蓄水量的条件下，有余水才能加大供水。

判断多年调节水库限制供水的条件：①多年库容已经放空；②年来水量小于供水量，须限制供水。在第一个条件的情况下，年来水量又不能满足年供水要求，则只好限制供水量。

根据上述条件，必须先知道多年库容 $V_{\text{多年}}$ 是多少，为此要按年来水量和年供水量相当的年份进行调节计算，求出年库容 $V_{\text{年}}$ 和一年库水位变化过程，才能将兴利库容 $V_{\text{兴}}$ 划分为多年库容 $V_{\text{多年}}$ 与年库容 $V_{\text{年}}$。

2. $V_{\text{多年}}$ 与 $V_{\text{年}}$ 的确定

(1) 如果 $V_{\text{兴}}$ 是用数理统计法求得的，则 $V_{\text{多年}}$ 与 $V_{\text{年}}$ 是已知的。

(2) 若用长系列时历法求 $V_{\text{兴}}$，由于 $V_{\text{多年}}$ 与 $V_{\text{年}}$ 没有分开，在编制调度图时，需要计算 $V_{\text{多年}}$ 与 $V_{\text{年}}$。其方法是：先计算出 $V_{\text{年}}$，则 $V_{\text{多年}} = V_{\text{兴}} - V_{\text{年}}$。选择几个来水量等于(或接近)用水量的年份，分别进行调节计算，所求得的几个 $V_{\text{年}}$ 可能相差较大。为了使水库在运行过程中不动用多年库容，可初步选取较大的 $V_{\text{年}}$。因 $V_{\text{年}}$ 取得较大，则 $V_{\text{多年}}$ 就较小，所求得的加大供水线是否合理，应通过长系列操作检验，必要时适当调整 $V_{\text{年}}$ 与 $V_{\text{多年}}$。

3. 供水调度线的计算与绘制

(1) 加大供水线

加大供水线的计算可采用代表年法。选择代表年的方法有两种：①选择几个年来水量等于(或接近)年供水量的年份，其中包括确定 $V_{\text{年}}$ 的那一年；②采用所谓"虚拟代表年法"，根据历年来水量(扣除水库损失的) $W_{\text{来}}$ 和供水量(加上供水损失的) $W_{\text{供}}$，分别计算出两条经验频率曲线，其交点处 $W_{\text{来}} = W_{\text{供}}$，将第一种方法的各代表年都缩放为交点处的水量，得到来水、供水相等的不同年内分配的代表年。

对上述所选择的代表年，分别从供水期末开始逆时序调节计算，得出各年各月所需的蓄水量，取各月所需水量的同期最大值，再加上 $W_{\text{多年}}$，换算为库水位，得外包线，即加大供水线。需要注意的是所绘制的加大供水线年初、年末要相衔接，否则应作适当调整。

(2) 限制供水线

限制供水线的计算是根据限制供水的条件，对各代表年从供水期末逆时序调节计算，求得各年各月末所需的蓄水量，取同期最小值，再加上死库容，换算为库水位，得内包线，即限制供水线。

2.5 水库综合利用调度

水库承担的任务包括防洪、供水、发电、航运、养殖、旅游等。一般情况，水库都承担着两个以上的任务，称为综合利用水库。根据水库承担任务的不同，其调度运用方式也不同。

2.5.1 防洪与兴利结合的水库调度

担负有下游防洪任务和兴利任务的水库，调度的原则是在确定大坝安全的前提下，用防洪库容来优先满足下游防洪要求，并充分发挥兴利效益。在这一原则指导下，拟定防洪与兴利的运行方式。

1. 防洪库容与兴利库容的结合形式

兼有防洪和兴利任务的水库，其防洪库容和兴利库容结合的形式主要有以下三种。

(1) 防洪库容与兴利库容完全分开：防洪限制水位和正常蓄水位重合，防洪库容位于兴利库容之上，如图 2.5-1(a)所示。

(2) 防洪库容与兴利库容部分重叠：防洪限制水位在死水位和正常蓄水位之间，防洪高水位在正常蓄水位之上，如图 2.5-1(b)所示。

(3) 防洪库容与兴利库容完全重合：防洪限制水位与死水位相同，防洪高水位与正常蓄水位相同，如图 2.5-1(c)所示。

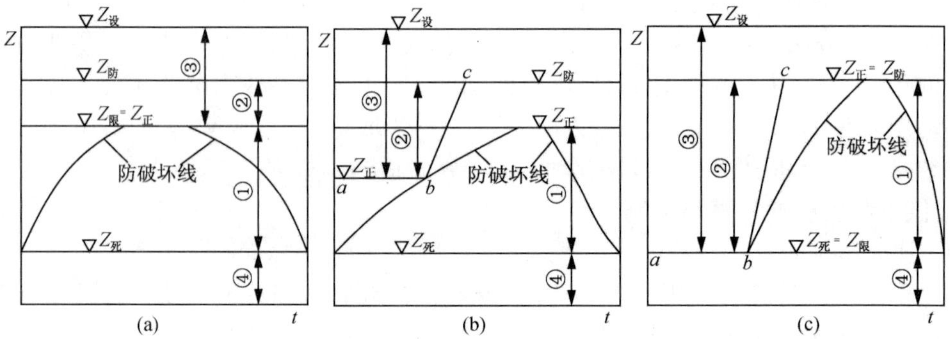

①—兴利库容；②—防洪库容；③—调洪库容；④—死库容；abc—防洪调度线

图 2.5-1 防洪库容与兴利库容的结合形式

3 种形式中的第一种，由于全年都预留有满足防洪要求的防洪库容，防洪调度并不干扰兴利的蓄水时间和蓄水方式，因而水库调度简便、安全。但其缺点是由于汛期水位往往低于正常蓄水位，实际运行水位与正常蓄水位之间的库容可用于防洪，因而专设防洪库容并未得到充分利用。所以，这种形式只在降雨成因和洪水季节无明显规律、流域面积较小的山区河流水库，或者是因条件限制，泄洪设施无闸门控制的中、小型水库才采用。后两种形式都是在汛期才留有足够的防洪库容，且都有防洪与兴利共用库容。因此，水库只需在汛期预留足够的防洪库容，以调节可能发生的洪水，汛后可利用余水充蓄部分或全部防洪库容，以提高兴利效益。所以，对于降雨成因和洪水季节有明显规律的水库，应尽量选择防洪库容和兴利库容相结合的形式。

2. 防洪和兴利结合的水库调度

(1) 防洪和兴利结合的水库调度措施

兼有防洪和兴利任务的综合利用水库，在水库调度中，协调防洪与兴利矛盾的原则应是在确保水库大坝安全的前提下，尽量使兴利效益最大。为此，需要在研究掌握径流变化规律的基础上，采取分期防洪调度方式，或利用专用防洪库容兴利和利用部分兴利库容防洪等措施。而在一次洪水的调度中，则可以利用短期洪水预报或短期气象预报，采用预蓄措施。因防洪需要提前预泄时，应尽量和兴利部门的兴利用水结合起来，增加兴利效益。对于临近汛末的预泄，在确保大坝安全的前提下，可适当减缓库水位的消落速度，延长消落至防洪限制水位的时间，以提高汛后蓄满兴利库容的概率。

对于分期洪水大小有明显区别、洪水分期时间稳定的水库：

1) 在不降低工程安全标准和满足下游防洪要求的前提下，可设置分期防洪限制水位。根据分期洪水设置汛期分期防洪限制水位时，分期洪水时段的划分应根据洪水成因和雨情、水情的季节变化规律确定，时段不宜过短，两期限制水位的衔接处宜设过渡段。

2) 库区有重要防护对象的水库，可设置库区防洪控制水位。设置库区防洪控制水位时，应分析其对水库防洪任务的影响，并兼顾防洪和兴利要求拟定水库调度方式。

(2) 防洪和兴利结合的水库调度图绘制与调度方式

防洪和兴利相结合的水库，其正常运行方式也需要通过水库调度图来控制实现，以调度图为依据，编制水库兴利年度计划和拟定防洪调度方式，合理解决防洪和兴利在库容利用上的矛盾。

对于防洪和兴利相结合的水库，研究的重点是防洪调度线与兴利调度线组合在一起时，如何来调整两者之间不协调的问题。

防洪库容和兴利库容完全分开的综合利用水库，防洪调度线与兴利调度线并不相互干扰，可按前述单一任务的方法分别绘制，如图 2.5-1(a)所示。

防洪和兴利有重叠库容的综合利用水库，在分别绘制防洪调度线和兴利调度线后，若两线不相交或只相交于一点，如图 2.5-2(a)、(b)所示，则它们就是既满足防洪要求又满足兴利要求的综合调度图。在这种情况下，汛期因防洪要求而限制的兴利蓄水位，并不影响兴利的保证运行方式，而仅影响发电水库的季节性电能。

若防洪调度线和兴利的防破坏线各自包围的运行区相交，如图 2.5-2(c)所示，则表示汛期若按兴利要求蓄水，蓄水位将超过防洪限制水位，而不能满足下游的防洪要求；若汛期控制蓄水位不超过防洪限制水位，汛后将不能保证设计保证率以内年份的正常供水，影响到兴利效益的发挥，对于这种兴利和防洪不相协调的情况，可作如下处理：

若水库以兴利为主，则兴利保证运行方式应予保证，即不变动原设计的防破坏线位置，调度图如图 2.5-3(a)所示。可根据防洪限制蓄水的截止时间 t_p，求得防破坏线相应时间的 b 点，b 点水位为满足水库充蓄的防洪限制水位。如仍要满足防洪要求，则防洪高水位必须抬高，使修改后的防洪库容还等于原设计的防洪库容，见图 2.5-3(b)所示。显然，前者将降低防洪效益，后者要看水库条件是否允许。

若水库以防洪为主，在满足防洪要求情况下，各兴利任务调度方式如下：

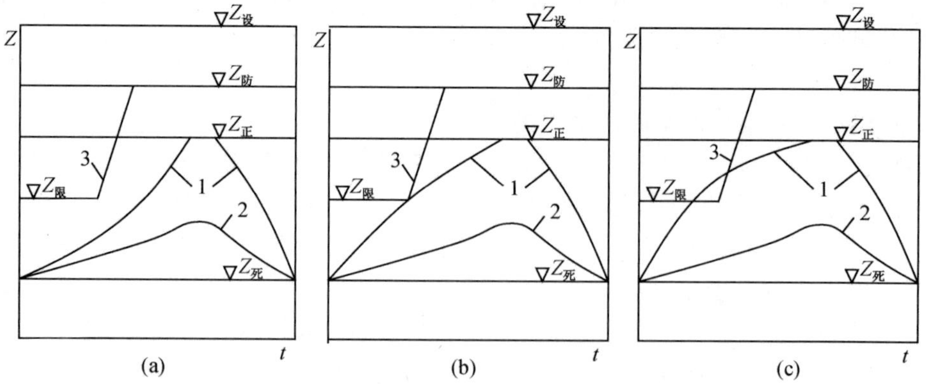

1—防破坏线；2—限制水位线；3—防洪调度线

图 2.5-2　水库防洪和兴利综合调度示意图

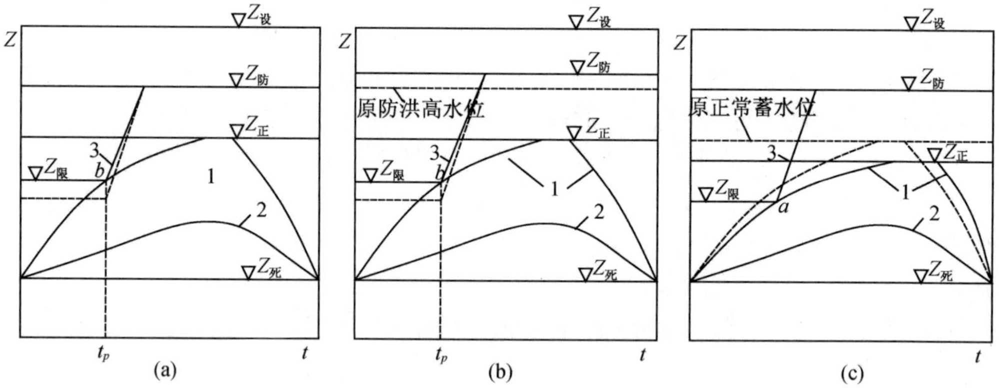

1—防破坏线；2—限制水位线；3—防洪调度线

图 2.5-3　水库防洪与兴利调度线协调组合示意图

1）保证运行方式。来水频率在各开发任务设计保证率范围内的时段，应使各开发任务达到正常供水量；来水频率在各开发任务设计保证率中间的时段，设计保证率高于（等于）水库来水频率的开发任务正常供水，其他开发任务减少供水；水库来水频率高于各开发任务设计保证率时，按降低供水方式调度设计。

2）加大供水方式。在丰水年或丰水段，应根据水库能力按开发任务次序向兴利任务加大供水。

3）降低供水方式。特枯年份或时段，可按各兴利任务的次序和保证率的高低分别减少供水。在这种供水方式下，应保持防洪调度线不变，修正兴利调度线，即将防破坏线下移，正常蓄水位降低，所调整后的调度图见图 2.5-3(c)所示。显然，修正后的调度图降低了兴利效益，但满足了防洪要求。具体调整方法是：以设计枯水年入库径流资料为来水过程，以降低后的用水为供水过程，以 a 点作为控制，进行调节计算，所得的与防洪调度线正好相交于 a 点的防破坏线及降低后的正常蓄水线即是。

2.5.2　发电与灌溉结合的水库调度

1. 发电与灌溉结合水库的供水原则和调度要求

(1) 发电与灌溉结合水库的调度原则

兼有发电和灌溉任务的水库，由于发电和灌溉的设计保证率不同，因而其保证供水方式不同于单一兴利任务的水库。一般来讲，对于灌溉供水设计保证率以内年份，应保证灌溉正常供水，在此前提下力争多发电，增加发电效益；对于两者设计保证率之间的年份，需降低灌溉供水，而发电仍按保证电能运行；对于发电设计保证率以外的特殊年份，发电和灌溉均应降低供水。这种区别不同设计保证率年份的供水方式称为两级调节。在拟定水库的调度方式时，应根据供水原则，结合兴利任务的主次和引水方式来统一考虑。

(2) 发电与灌溉结合水库的调度要求

1) 灌溉引水方式对水库调度的要求

当灌溉是库内引水时，灌溉用水无法与发电用水结合，两者不仅在水量分配上有矛盾，而且对库水位也有各自的要求。但灌溉期内的库水位不能低于引水高程，这是水库调度中必须予以注意的，至于水量的分配，可以结合来水情况和兴利任务的主次来合理确定。

当灌溉是坝下引水时，发电与灌溉用水是可以结合的，即发电后的尾水可用于灌溉。这时，灌溉渠首的引水将取决于下游尾水位。因此，加大发电引用流量增发电能和加大灌溉供水是一致的。只是在灌溉用水高峰季节，灌溉供水量才有可能超过电站的最大供水能力。

2) 兴利任务主次对水库调度的要求

兴利任务的主次是影响水库调度方式的关键因素之一。对于主要任务的用水要求，在拟定其保证运行方式时，一般应首先予以满足。如以灌溉供水方式为主的水库，发电一般是为获取季节性电能，在非灌溉季节和自库内引水灌溉的季节，为保证灌溉正常供水，电站可以停止发电，水库调度可按单一灌溉水库运行。对于以发电为主的水库，在灌溉用水所占比重较小且自库内引水时，灌溉用水可按限制条件处理，水库调度也可按单一发电水库进行；承担坝下引水灌溉任务时，可利用发电后的水量灌溉，在灌溉用水高峰时段，宜减小发电流量的变幅，尽量满足灌溉取水要求。如果是发电和灌溉并重的水库，或自库内引水灌溉用水量所占比重较大时，则应按两级调节原则分配水量。只是在丰水年和丰水季节，由于发电效益和供水量呈线性关系，而灌溉在满足正常供水后，再增加供水量，效益却增加很少甚至不增加，因此不论兴利任务主次，只要灌溉面积不扩大，就应在保证正常供水和蓄水时，尽量用余水多发电。

2. 发电与灌溉结合水库调度图的绘制

(1) 自库内引水灌溉的年调节水库两级调度图的绘制

发电和灌溉结合的水库调度图，通常称为两级调节调度图。两级调节调度图的组成与分区和单一兴利水库的调度图相类似，所不同的是防破坏线由两级调节上、下调配线代替。

1) 上、下调配线的绘制

① 绘制相应发电设计保证率 P_1 和灌溉设计保证率 P_2 的年水量平衡图，如图 2.5-4 所示。其中，图 2.5-4(a)为相应 P_1 年份的需水量图。这种年份，电站按保证电能供水，而灌溉需水量按需水过程乘以一定百分比(如 70%～80%)求得，两者之和为总需水过程。与采用

年水量相应频率为 P_1 的典型年来水过程进行水量平衡计算，求得所需调节库容为 V_1。图2.5-4(b)为相应 P_2 年份的需水量图。这种年份，电站仍是按保证电能正常供水，而灌溉也是按需水过程正常供水。两者之和为总需水过程。与采用年水量相应频率为 P_2 的典型年来水过程进行水量平衡计算，求得所需调节库容为 V_2。

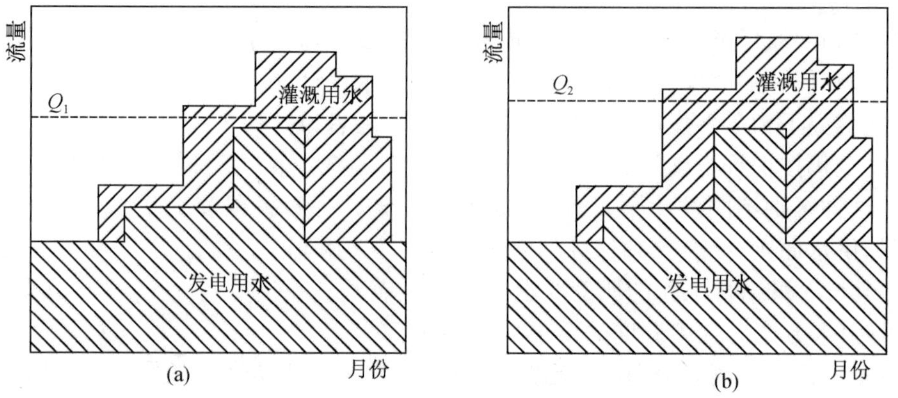

图 2.5-4　两级调节供需水量平衡示意图

② 绘制上、下基本调度线。根据上述两级调节供需水量平衡图，分 $V_1>V_2$ 和 $V_1<V_2$ 两种情况进行绘制。

若 $V_1>V_2$，即高保证率低供水所需库容大于低保证率高供水所需库容，兴利库容应等于 V_1。以相应于 P_1 的年水量过程为来水过程，如图 2.5-4(a)的发电正常供水与折扣后的灌溉需水量之和为用水过程，自供水期末死水位开始进行逆时序调节计算，要求于蓄水期初消落至死水位，所得的库水位过程线即为两级调节的下调配线，如图 2.5-5(a)中的 1 线。然后，以相应于 P_2 的年水量过程为来水过程，如图 2.5-4(b)的发电与灌溉均正常供水的总需水量之和为用水过程，自供水期末，起始水位为正常蓄水位以下相应 V_2 的水位，进行逆时序调节计算，而蓄水期则由此水位开始作顺时序调节计算，所得的库水位过程线即为两级调节的上调配线，如图 2.5-5(a)中的 2 线。

若 $V_2>V_1$，即低保证率高供水所需库容大于高保证率低供水所需库容，则水库的兴利库容应等于 V_2。调节计算方法与上面的类同，仅是上、下调配线的起始和终止水位均为死水位。上、下调配线如图 2.5-5(b)中的 1 线、2 线。

如果天然来水年内变化较大，则可各选接近 P_1 和 P_2 的若干典型年份，分别按上述调节方法计算，然后取各自典型年组的外包线作为上、下调配线。

2）限制供水线的绘制

两级调节调度限制供水线的绘制与单一兴利水库相类似。可以相应 P_1 年份的径流过程作为来水过程，以发电用水和灌溉用水均乘以一百分比作为用水过程，自死水位和供水期末进行逆时序调节计算，要求蓄水初期消落至死水位，所得的库水位过程即为限制线，也可以取上述绘制下调配线典型年组的内包线作为限制供水线，如图 2.5-5(a)、(b)中的 3 线。

3）防弃水线的绘制

两级调节水库防弃水线的绘制与单一发电水库相同。仅在灌溉季节，水库供水量应为电站最大过水能力和灌溉需水量之和。此线如图 2.5-5(a)、(b)中的 4 线。显然，该线总是

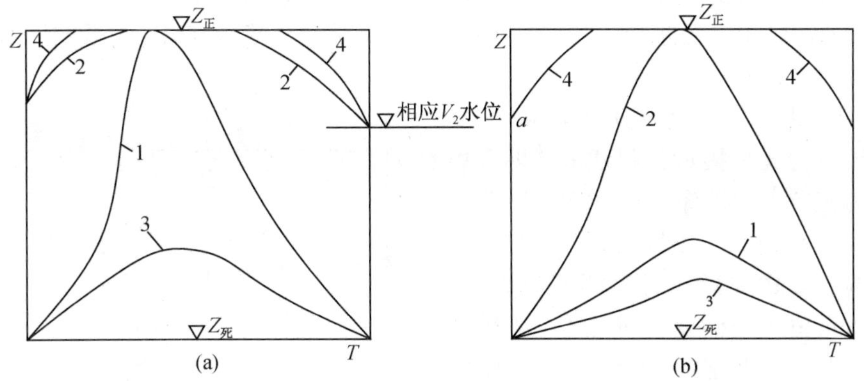

1—下调配线；2—上调配线；3—限制供水线；4—防弃水线

图 2.5-5　两级调节水库调度示意图

高于上调配线。但起点水位与终点水位在 $V_1>V_2$ 情况时与上调配线重合，即对于 $V_1>V_2$ 的情况，防弃水线调节计算的起点即为自正常蓄水位以下相应 V_2 的水位，如图 2.5-5(a)所示。而对于 $V_2>V_1$ 的情况，绘制防弃水线时，应选用年水量的保证率为 $1-P_2$ 的典型年入库径流过程，自蓄水期末由正常蓄水位开始，逆时序调节计算，得到蓄水期初水位，即图 2.5-5(b)中的 a 点，再由此水位起，逆时序调节计算至供水期初正常蓄水位，所得的库水位过程线即为防弃水线，如图 2.5-5(b)中的 4 线。

利用两级调节调度图，就可以由运行中的库水位来决定供水量，指导水库的运行。例如，当水库水位位于上、下调配线之间时，发电按保证出力工作，灌溉按灌溉需水量正常供水，即水库按保证运行方式工作。当库水位位于限制供水线和下调配线之间时，减少灌溉供水量，但电站仍按保证运行方式工作。当库水位低于限制供水线时，发电与灌溉都降低供水量。当库水位位于防弃水线和上调配线之间时，灌溉一般保持正常供水，但电站加大出力工作。当库水位达到或超过防弃水线时，电站按其最大过水能力工作。

(2) 自坝下引水灌溉的年调节水库调度图绘制

灌溉自坝下引水，灌溉用水可以与发电用水结合，因此其调度图的绘制可以简化。

如果水库以灌溉为主兼顾发电，则可按灌溉需水过程以单一灌溉水库的方法，绘制加大供水线和限制供水线，再按单一发电水库方法绘制防弃水线。

如果水库以发电为主兼顾灌溉，一般可按单一发电水库方法绘制调度图。

如果发电和灌溉并重，或以发电为主，灌溉所占比重较大，则可按自库内引水灌溉的两级调节调度图的类似方法绘制，但时段供水量应取该时段发电用水量和灌溉用水量两者中的大者，其他相同。

(3) 多年调节水库两级调节调度图的绘制

兼有发电和灌溉双重任务的多年调节水库，由于年内径流调节由年库容担任，故加大出力区应位于多年库容以上，而在多年库容中区分出高供水区和低供水区，在此基础上来绘制有关的调度线。

1) 上调配线(加大供水线)的绘制

选取年平均流量接近高供水 Q_2(即发电和灌溉均按正常供水)的典型年份，按 Q_2 供水，

计算起点为供水期末多年库容蓄满点，采用一级调节方式逆时序进行调节计算，要求供水期初和蓄水期末达到正常蓄水位，蓄水期初正好消落到多年库容蓄满点，所得的库水位过程即为上调配线，如图 2.5-6 中的 1 线。

2）下调配线（限制供水线）的绘制

选取年平均流量接近低供水 Q_1（即发电按保证出力工作，灌溉降低供水量）的典型年份，按 Q_1 供水，自供水期末死水位开始，采用一级调节方式进行逆时序调节计算，要求蓄水期初水位正好消落到死水位，所得的库水位过程即为下调配线，如图 2.5-6 中的 2 线。

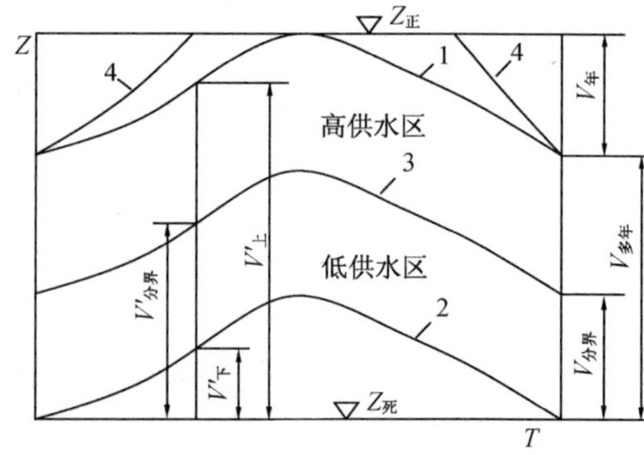

1—上调配线；2—下调配线；3—分界调度线；4—防弃水线

图 2.5-6　多年调节水库两级调节调度图

3）分界调度线的绘制

分界调度线是划分高供水和低供水两个运行区的调度线。分界调度线的绘制，在简化计算时，可以用以下近似方法：

① 按下式求出分界多年库容 $V_{分界}$，即：

$$V_{分界} = \frac{V_1}{V_1 + V_2} V_{多年} \tag{2.5-1}$$

式中：V_1，V_2 为按高保证率低供水和低保证率高供水求得的一级调节多年库容；$V_{多年}$ 为两级调节多年库容。

② 求年内各时段的分界库容，即可按 $V_{分界}$ 占 $V_{多年}$ 的比重，在上、下调配线间直线内插求得，如图 2.5-6 所示，第 i 时段的分界库容 $V'_{分界}$ 为

$$V'_{分界} = \frac{V_{分界}}{V_{多年}} (V'_{上} - V'_{下}) + V'_{下} \tag{2.5-2}$$

2.5.3　水库泥沙调度简介

我国北方地区河流河水中挟带的泥沙较多。建库以后，入库泥沙不断淤积，带来了严重的水库泥沙淤积问题。因此，多沙河流水库的排沙减淤是水库调度运用中不可忽视的问题。

为了控制多沙河流水库泥沙淤积，在调节径流的同时，还必须进行泥沙调节。在很多情况下，泥沙调节已成为选择多沙河流水库运用方式的控制因素。目前，多沙河流水库水沙调节的运用方式、泥沙调度方式与排沙措施主要有以下几种。

1. 水沙调节运用类型

多沙河流水库的运用方式，按水沙调度程度的不同，可分为蓄洪运用、蓄清排浑运用、缓洪运用三种。

（1）蓄洪运用

蓄洪运用又称拦洪蓄水运用。其特点是汛期拦蓄洪水，非汛期拦蓄基流。水库的蓄、放水只考虑兴利部门的要求，年内只有蓄水和供水两个时期，而没有排沙期。根据汛期洪水调

度程度的不同，又分为蓄洪拦沙和蓄洪排沙两种形式，前者汛期洪水全部拦蓄，泥沙也全部淤在库内；后者汛期仅拦蓄部分洪水，当库水位超过汛限水位时排泄部分洪水，并利用下泄洪水进行排沙。蓄洪运用方式，由于水库对入库泥沙的调节程度较低，因而泥沙淤积速率较快，只适用于库容相对较大、河流含沙量相对较小的水库。

（2）蓄清排浑运用

蓄清排浑运用的特点是非汛期拦蓄清水基流，汛期只拦蓄含沙量较低的洪水，洪水含沙量较高时则尽量排出库外。

蓄清排浑运用根据对泥沙调节的形式不同，又分为汛期滞洪运用、汛期控制低水位运用和汛期控制蓄洪运用三种类型。

1）汛期滞洪运用

汛期滞洪运用是汛期水库空库迎汛，水库对洪水只起缓洪作用，洪水过后即泄空，利用泄空过程中所形成的溯源冲刷和沿程冲刷，将前期蓄水期和滞洪期的泥沙排出库外的运用方式。

2）汛期控制低水位运用

汛期控制低水位运用是汛期不敞泄，但限制在某个一定的低水位（称排沙水位）下控制运用的方式。库水位超过该水位后的洪水排出库外，以排除大部分汛期泥沙，并尽量冲刷前期淤积泥沙。

3）汛期控制蓄洪运用

汛期控制蓄洪运用是汛期对含沙量较高的洪水，采取降低水位控制运用，对含沙量较低的小洪水，则适当拦蓄，以提高兴利效益的运用方式。当水库泄流规模较大，汛期水沙十分集中，汛后基流又很小时，这种方式有利于解决蓄水与排沙的矛盾。

蓄清排浑运用方式是多沙河流水库常采用的运用方式，特别是我国北方干旱与半干旱地区的水库，水沙年内十分集中，采用这种方式，实践证明可以达到年内或多年内的冲淤基本平衡。

（3）缓洪运用

缓洪运用是由上述两种运行方式派生出来的一种运用方式，汛期与蓄清排浑运用相似，但无蓄水期。实际上它又分为自由滞洪运用和控制缓洪运用两种形式。

1）自由滞洪运用

自由滞洪运用是水库泄流设施无闸门控制，洪水入库后一般穿堂而过，水库不进行径流调节，只起自由缓滞作用的运用方式。水库大水年淤，平枯水年冲；汛期淤，非汛期冲；涨洪淤，落洪冲，冲淤基本平衡。

2）控制缓洪运用

控制缓洪运用是有控制地缓洪，用以解决河道非汛期无基流可蓄，而汛期虽有洪水可蓄，但含沙量高，不适于完全蓄洪的矛盾。

2. 水库的泥沙调度方式

（1）以兴利为主的水库泥沙调度方式

泥沙调度以保持有效库容为主要目标的水库，宜在汛期或部分汛期控制水库水位调沙，也可按分级流量控制库水位调沙，或不控制库水位，采用异重流或敞泄排沙方式。以引水防沙为主要目标的低水头枢纽、引水式枢纽，宜采用按分级流量控制库水位调沙或敞泄排沙等

方式。多沙河流水库初期运用的泥沙调度宜以拦沙为主；水库后期的泥沙调度宜以排沙或蓄清排浑、拦排结合为主。采用控制库水位调沙的水库应设置排沙水位，研究所在河流的水沙特性、库区形态和水库调节性能及综合利用要求等因素，综合分析确定水库排沙水位、排沙时间。兼有防洪任务的水库，排沙水位应结合防洪限制水位研究确定。防洪限制水位时的泄洪能力，应不小于 2 年一遇的洪峰流量。应根据水库泥沙调度的要求设置调沙库容。调沙库容应选择不利的入库水沙组合系列，结合水库泥沙调度方式通过冲淤计算确定。采用异重流排沙方式，应结合异重流形成和持续条件，提出相应的工程措施和水库运行规则。对于承担航运任务的水库，调度设计中应合理控制水库水位和下泄流量，注意解决泥沙碍航问题。

(2) 以防洪、减淤为主的水库泥沙调度方式

调水调沙的泥沙调度一般可分为两个大的时期：一是水库运用初期的拦沙和调水调沙运行时期，二是水库拦沙完成后的蓄清排浑调水调沙的正常运用时期。

水库运用初期拦沙和调水调沙运用时期的泥沙调度方式，应研究该时期水库下游河道减淤对水库运用和控制库区淤积形态及综合利用库容的要求，并统筹兼顾灌溉、发电等其他综合利用效益因素。研究水库泥沙调度方式指标，综合拟定该时期的泥沙调度方式。

1) 水库初始运用起调水位应根据库区地形、库容分布特点，考虑库区干支流淤积量、部位、形态(包括干、支流倒灌)及起调水位下蓄水拦沙库容占总库容的比例、水库下游河道减淤及冲刷影响、综合利用效益等因素，通过方案比较拟定。

2) 调控流量要考虑下游河道河势及工程险情、河道主槽过流能力、河道减淤效果及冲刷影响、水库的淤积发展及综合利用效益等因素，通过方案比较拟定。

3) 调控库容要考虑调水调沙要求、保持有效库容要求、下游河道减淤及断面形态调整、综合利用效益等因素，通过方案比较拟定。

水库正常运用时期蓄清排浑调水调沙运用的泥沙调度方式，要重点考虑保持长期有效库容和水库下游河道继续减淤两个方面的要求，并统筹兼顾灌溉、发电等其他综合利用效益因素。研究水库蓄清排浑调水调沙运用的泥沙调度指标和泥沙调度方式，保持水库长期有效库容，以发挥综合利用效益。

(3) 梯级水库的泥沙调度方式

梯级水库联合防沙运用，一般应根据水沙特性和工程特点，拟定梯级运行组合方案，采用同步水文泥沙系列，分析预测泥沙冲淤过程，通过方案比较，选择合理的梯级泥沙联合调度方式。

梯级水库联合调水调沙运用，应根据水库下游河道的减淤要求、水沙特性和工程特点，拟定梯级联合调水调沙方案，采用同步水文泥沙系列，分析预测库区淤积、水库下游河道减淤效益及兴利指标，通过综合分析，提出梯级联合调水调沙调度方式。

3. 水库排沙措施

水库的排沙方式可分为水力排沙和动力排沙两大类。前者是用水流本身的输沙能力来排沙；后者是用机械或人工来排沙，包括水力吸泥、人工清淤和机械清淤。由于水流本身的输沙能力与水流流态有关，而水流流态又与水库运用方式有关，因此水力排沙与水库运用方式关系十分密切。水力排沙可分为滞洪排沙、异重流排沙、浑水水库排沙、泄空排沙和基流排沙等。

(1) 滞洪排沙

蓄清排浑运用的水库，在空库迎洪或降低水位运用时，若入库洪水流量大于泄水流量，便会产生滞洪壅水。但由于库区水流流态是明流壅水，直到坝前仍有一定的行近流速，故细颗粒泥沙可被水流带至坝前而排出库外。蓄洪运用的水库，在洪水入库时若水位较低，或入库洪水较大，水流流态也可以是明流，此时水库泄洪也能将细颗粒泥沙排出库外。这两种利用明流壅水情况下的水库排沙称为滞洪排沙。

滞洪排沙的特点是洪水初发时出库含沙量较高，随后逐渐降低。因此，排沙效率的高低与排沙时机有关。除此之外，还与滞洪历时、洪水漫滩程度、入库洪水特性和泄量大小等因素有关。开闸门时，下泄量大，滞洪历时短，排沙效率就高。中小型水库大都回水短，底坡陡，洪水陡涨陡落，滞洪历时短而漫滩机会少，因而滞洪排沙效率较大型水库要高，有的甚至可冲走前期淤积。

滞洪排沙的排沙泄量的合理选择也十分重要。泄量过大，会影响蓄水和引洪淤灌；泄量过小，将使滞洪历时拉长，使泥沙沉积，影响排沙。可以从水库多年运用的实际经验中总结出一套可行的标准，或建立排沙效率与主要影响因素，如第 1 日的平均排沙泄量和入库洪水峰前水量的相关关系，加以确定。为了尽可能提高排沙效率，减少弃水量，中小型水库应充分利用洪水前期含沙量高、颗粒粗的特点，及时启闸排沙，并尽量加大泄量。经过一段时间后，排沙效率下降，则减少泄量以节省水量。

(2) 异重流排沙

异重流是指重度有较小差异的两种流体所产生的相对运动。在相对运动中，互相并不发生全局性的掺混。水库异重流是洪水期含有大量细颗粒泥沙的浑水进入库水时，由于库水重度与清水相近，但浑水重度稍大，在一定条件下，浑水水流便潜入库底，沿库底向下游运动，不和库水发生全局性掺混的异重流运动。

在水库蓄水期间，具有一定数量细颗粒泥沙的浑水，在其他条件具备的情况下，往往能形成异重流向坝前运动。特别是中小型水库，异重流多能到达坝前。如果能正确判断异重流抵达坝前的时刻，及时打开底孔闸门，就能形成异重流排沙，将一部分入库泥沙排出库外。这种利用异重流特性进行的水库排沙，由于初始排出的水流含沙量大，因而排沙效率高。随着洪峰的降落，出库水流的含沙量和排沙效率也随之降低。水库异重流形成后的持续时间取决于洪峰的持续时间，而异重流运行到坝前的时间取决于它的流速和流程的长短。

异重流排沙泄量的选择是异重流排沙中的一个重要问题。泄量过小，虽出库含沙量高，但排出的总沙量不大；泄量过大，则浪费水量，不利于径流调节。目前，多采用因果分析建立经验关系来确定，如建立第 1 日平均排沙量与前期蓄水量、入库洪水峰前量和排沙效率的经验关系。鉴于异重流排沙的特点，排沙泄量在洪峰降落后应逐渐减小。

采用异重流排沙时，由于浑水潜入库水下面后会有部分浑水向水库中扩散，以及潜入点附近的泥沙在主槽两侧滩地上大量落淤，因而异重流排沙的效果比滞洪排沙低。异重流排沙的效率与洪水水沙情况、库区地形、泄流设施和管理运用等因素有关。流量大、历时长、含沙量高的洪水，既能保证异重流持续运动到坝前，又能减缓泥沙沉降，因而排沙效率高。平顺的库区地形和较陡的底坡，使异重流不易扩散掺混，排沙效率也高。泄流底孔高程低，泄量大，闸门开启及时，排沙效率也较高。

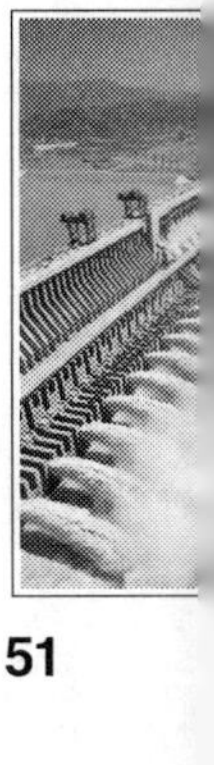

（3）浑水水库排沙

浑水水库是指当异重流抵达坝前，启闸不及时或泄量小于来水量时，坝前产生壅水，随着浑水的集聚，清浑界面逐渐升高，而形成的近于平行于河床的浑水面以下的部分。蓄洪运用水库在库内没有清水，汛期拦蓄全部或大部分浑水，不排沙而泄量很小；或者滞洪排沙运用水库，泄流能力比入库洪峰流量过小时，由于泥沙沉降，表面澄出清水，也会形成清浑界面，下部浑水也叫浑水水库。

浑水水库形成后，由于泥沙颗粒在浑水中的沉速远小于在清水中的沉速，而且浑水的沉降是以浑液面形式进行的，因此在浑水面下降到泄流底孔进口高程以前，都可以在排浑的时候排出部分泥沙。这种利用浑水水库泄浑排沙的方式，称为浑水水库排沙。

浑水水库排沙效率主要与水沙条件、库型和泄流规模有关。当库型与泄流规模一定时，洪量大、含沙量低、粒径粗，则排沙效率低。在其他条件相同的情况下，湖泊型水库滞洪水深小，泥沙落淤面积大，排沙效率就低。当水沙条件、库型一定时，排沙底孔低，泄流能力大，则排沙效率高。

（4）泄空排沙

泄空排沙是指放空水库，在泄空过程中由于水位下降，利用回水末端向坝前移动而产生的沿程冲刷与溯源冲刷来排出库内泥沙的排沙方式。其特点是出库含沙量逐渐加大。泄空后期若突然加大泄量，排沙效果更好。这种方式的排沙效率与前期淤积的固结程度有关。淤积没有充分浓缩固结的，排沙效率较高。因此，及时泄空排沙是十分必要的。另外，在泄空过程中，辅以人工或机械推搅，对于小型水库也是十分有效的。

（5）基流排沙

基流排沙又称常流量排沙。它是水库放空后继续打开闸门，让含沙较少的基流畅行冲刷主槽的一种排沙方式。其特点是开始排沙量大，随后逐渐减小。在排沙过程中，一旦主槽纵坡和岸坡相对稳定，排沙效果就很快下降，而基流量的大小和含沙量的高低对排沙效果影响很大。基流流量大而含沙量低，排沙效果就好。

第3章
水库群联合调度

3.1 概 述

水库调度主要是根据水库承担的任务和相应的调度规则，运用自身的蓄泄能力对径流过程进行科学合理的调节，从而达到防洪、发电、生态等综合效益最大的目的。而对于整个流域而言，要使得整个流域的水资源得到充分利用，就必须对流域上的所有水库进行合理的调度，即水库群联合调度。

水库群联合调度研究按照基本理论性质可分为常规调度和优化调度。常规调度，一般指采用时历法和统计法进行水库群调度；优化调度则以一定的最优准则为依据，以水电站为中心建立目标函数，结合调度系统实际应满足的各种约束条件，用最优化方法求解由目标函数和约束条件组成的系统方程，使目标函数取得极值的水库群调度运行方式。

3.1.1 常规调度

水库群的常规调度主要以水文学、水力学和径流调节为理论基础，以流域历史水文径流统计资料为数据来源，应用水能计算方法，通过对典型来水过程调节计算满足水库既定任务的蓄泄过程，研究水库调度方式和调度规则，绘制常规调度图，用于指导水库群运行。常规调度图以时间为横坐标，以水库水位或库容为纵坐标，按照控制水库的库容、供水量或发电出力的线来划分不同的出力区。

常规调度是目前水库群规划设计阶段以及中小水库群运行调度中通常采用的方法，该方法以实测资料为依据，简单直观、易于操作，可以考虑调度和决策人员的经验和判断能力等。但常规调度未考虑预报来水情况而带有一定的风险，并且只能从事先拟定的有限的方案中选择较好的调度方案，调度结果一般只是可行解，并不是最优化解，而且该方法难以处理多目标、多约束和复杂水利系统的调度问题。

3.1.2 优化调度

水库群的优化调度是在常规调度的基础上发展起来的，以运筹学为理论基础，以最优化

准则为依据，利用系统工具理论和最优化方法，借助现代计算机的高速计算能力，寻求满足水库群调度原则的最优运行方式。

水库联合群优化调度能够对流域或区域内相互间具有一定联系的水库以及相关工程设施进行统一的控制运用，以实现整体效益最大化。它涉及防洪、供水、发电、灌溉、航运等多目标。实际工作中，水库群调度的形式包括防洪调度、兴利调度、综合利用调度等。

3.2 水库群联合调度的基本原则

对以防洪为主的水库群，应该采用补偿方式调度，一般以梯级水库的上游水库或距防洪保护区较远的并联水库先行补偿，使控制洪水作用比重较大、对洪水的调节能力较高、距下游防洪保护区较近的水库最后控制泄量；对以灌溉为主及供水为主的水库群，以总弃水量最小拟定各个水库的蓄放水次序，梯级水库上游水库应先蓄水后供水，库群中如有调节能力高、汛期结束较早的水库应先蓄水，在供水期按总供水要求进行补偿调节；对于以发电为主的水库群，在满足系统正常供电要求的前提下，以总发电量最大拟定各个水库的蓄放水次序，梯级水库上游水库一般应该先蓄水后供水；对并联水库则需要采用一些方法，根据各库具体情况判别来确定最佳的蓄放水次序。

3.3 水库群防洪调度

水库群防洪调度是在确保工程自身安全前提下，按照设计的防洪库容和下游区域防汛状况，及时拦蓄洪水，消减洪峰，减少或免除下游洪水灾害，并为非汛期工农业生产和城乡人民生活储备水源。水库群防洪调度方式需要根据水库防洪、兴利的要求和流域的自然特点及下游防洪体系的操作方式决定。通常有以下几种。

3.3.1 下游有防洪要求的水库群防洪调度

一般分为防洪补偿调节、固定泄洪调节、预报泄洪调节、自由泄洪或敞泄调节、预报调节等方式。

(1) 当水库距下游防洪控制点较远，区间流域面积较大，期间可产生较大洪水时，应采用补偿调节方式。

(2) 当防洪区距水库较近，区间面积较小，洪水不大或流量变化平衡时，基本上可以忽略区间洪水影响或将其看作常量，可根据下游防洪对象定出判别条件，确定相应级别的安全泄量固定泄洪。

(3) 根据精度和准确度较高，有一定预见期的水文气象预报，按照预报的洪量提前以更高级别的安全泄量进行泄洪，采用预报泄洪方式。

(4) 当水库只有开敞式无控制泄洪设施或出现超标准洪水时，采用自由泄洪或敞泄调度方式。

3.3.2 下游无防洪任务的水库群防洪调度

为确保水库工程自身安全，一般以水库水位或入库流量作为控制运用的判别条件。当遇到设计洪水时库水位不得超过设计洪水位，如果超过设计洪水位，按规定的方式泄洪；遭遇校核洪水时，库水位不得超过校核洪水位。

3.3.3 有防洪兴利任务的水库群防洪调度

为解决蓄泄矛盾、防洪与兴利的矛盾，充分发挥水库的综合效益，可根据雨洪变化规律和暴雨成因分析，将汛期划分为几个阶段，再根据各个分期(时段)设计洪水并进行调洪验算，确定各自的防洪限制水位与相应的泄洪调节方式。

3.4 水库群兴利调度

水库群兴利调度涉及灌溉、发电、供水、航运等方面，一般要求尽量减少水库群不必要的弃水量，提高需水量的供水量，常根据以实测入库径流资料为依据绘制的水库调度图、优化方法等进行调度，以具体控制水库的供水量。

对于灌溉和供水水库的调度方式，应在满足灌溉或供水设计保证率和设计引水量要求、协调取水水位与用水过程和用水量关系的基础上，合理拟定灌溉期或供水期的水库供水方式。

梯级水库发电调度设计时应考虑梯级联合运行的补偿作用，可采用逐级补偿调度方法或联合统一补偿调度方法；对需要进行跨流域水库群补偿调节计算的水电站，应拟定水库群补偿调节的调度方式。兴利水库调度线划分的若干个运行区包括：

(1) 保证供水区。上限为保证供水线，下限为降低供水线。当面临时段的库水位位于此区间时，水库按保证供水量方式供水。

(2) 降低供水区。上限为降低供水线，下限为死水位。当面临时段的库水位位于此区间时，水库按降低供水量方式供水。

(3) 加大供水区。上限为防洪限制水位线或正常蓄水位线，下限为保证供水线。当面临时段的库水位位于此区间时，水库按加大供水量方式供水。

3.5 水库群综合调度

承担两种以上水利任务的水库群调度运用，包括防洪、发电、灌溉、航运、供水、防凌、养殖、旅游等，水库群调度应尽量做到一库多利、一水多用，充分发挥综合效益，以达到国民经济整体利益最大的目标。综合利用水库调度应依据水库开发任务的主次和协调关系及各开发任务的不同特点，合理处理各项开发任务之间的关系，提出水库群综合利用的调度方式。

(1) 在承担防洪与兴利任务水库群的调度设计中，对于降雨成因和洪水发生无明显规律的水库，宜选择防洪库容和兴利不结合的形式；对于降雨成因和洪水发生有明显规律的水库，应尽量选择防洪库容和兴利库容相结合的形式。

(2) 有供水任务的水库群，应优先满足城乡生活用水要求，并为连续枯水年预留一部分生活用水的备用水量。

(3) 以发电为主的水库群，灌溉（供水）用水相对较小时，按发电的一级调度拟定调度方式；承担坝下引水灌溉任务时，可利用发电后的水量进行灌溉；灌溉用水在坝上取水且在高峰时段时，宜减小发电量，尽量满足灌溉取水要求。

(4) 对于改变了原河道径流分配，从而对环境和生态产生影响的水库，在水库调度设计时应考虑环境和生态用水的要求，将水库群蓄放水对环境和生态的影响控制在允许的范围内。

(5) 在实施调度中，应根据当前水库群的库水位和前期来水情况，参照调度图和水文气象预报，调整调度计划。对于多年调节水库，在正常蓄水情况下，一般应控制调节年度末库水位不低于规定的年消落水位，为连续枯水年蓄备一定的用水量。当遇到特殊的干旱年，水库水位已落于限制供水区时，应根据当时具体情况核减供水量，重新调整各个用水部门的用水量，经上级主管部门核准后执行。

3.6 水库群联合调度模型构建

在明确了水库群联合调度的目标后，水库群的联合调度面临的两个关键问题是数学模型的构建和求解。对于水库群联合调度模型的构建，要根据实际的调度目标、水库工程设施及控制条件来建立。水库群联合优化调度模型的求解一般采用优化算法，它是通过确定决策变量的取值，使目标函数在特定约束条件下搜寻到最优解的方法。目前优化调度最优决策方法主要有线性规划、非线性规划、网络流法、动态规划法、大系统方法和启发式算法等。

3.6.1 目标函数

水库群联合优化目标必须尽可能满足国民经济和社会发展的各项具体要求或目的，如防洪、发电、灌溉、供水和生态等能以定量指标表示的具体目标。在以发电为主的水库群系统中，常以发电量最大、总出力最大或发电效益最大等为目标函数；在以防洪为主的水库群系统中，常以最大削峰准则、最大防洪安全保证准则和最短洪灾历时准则等作为目标函数。在不同类型水库的调度中，发电、灌溉及供水主要是兴利调度，防洪是各个水库在汛期的主要调度目的。灌溉、供水、航运、泥沙、防凌和生态调度等主要是在兴利调度中通过给定限制条件来实现的。

3.6.2 约束条件

由于水库群间的水文、水利联系，在调度中会产生相应的约束关系。约束条件在总体上可以分为水库自身水位安全控制约束、蓄泄水量平衡约束,以及其他有关的安全或生态要求约束等。

水库特征水位作为水库调度中的一系列控制条件,应当根据水库设计时规定的相应特征水位(水库特征值),考虑工程安全情况、社会各系统的现实要求,以及水文数据的变化等具体情况研究确定,并应获得主管部门审查批准。水库控制运用指标主要有:

(1) 允许最高水位,即水库遭遇校核洪水时允许蓄到的最高水位,是判断水库防洪安全的重要指标;

(2) 防洪限制水位,是水库在汛期为预留防洪库容而限制蓄水的上限水位;

(3) 汛末蓄水位,即水库在汛末计划允许蓄到的正常高水位,它在很大程度上决定了水库在下一个汛期到来之前可能发挥的兴利效益;

(4) 兴利下限水位,即水库在正常兴利运用情况下允许消落到的最低水位,它反映兴利需要及各方面的控制条件;

(5) 防洪运用标准,即为水库本身及为下游防洪安全制定的防洪标准,一般采用一定重现期的设计洪水或以可能最大洪水为标准。

对蓄泄水量平衡约束,一般要结合水库来水和用水情况,依据降水-径流条件、水库群系统的结构、水量输送要求等,按照水量平衡原理建立。

其他约束还有工程自身泄流能力要求、下游冲沙调沙的下泄流量要求、维持下游河道生态流量要求、跨片调水的水量要求、水电站的出力要求等。

3.7 水库群联合调度的实用方法

水库群联合调度不仅是实现流域水资源可持续利用的基础,也是实现流域内水文补偿、库容补偿、电力补偿及综合利用效益的必要条件,在防洪、发电、灌溉、供水、生态和多目标调度等方面得到了广泛的应用。

3.7.1 最大削峰目标的粒子群优化方法

1. 最大削峰目标准则

水库群防洪调度包括:①水位控制。将水库蓄水量作为控制指标,当洪水位于涨水段,后续降雨难以确知时,在保证水库水位控制条件的前提下,使水库的最大出库流量最小,即通常所说的最大削峰准则。当水库自身防洪形势比较紧张时,该调度方式不考虑。②出库流量控制。同时考虑出库流量限制和最高水位限制,当出库流量不起约束时,则尽可能利用允许最高水位规定的允许调蓄库容消减洪峰。③指令调度。重要的防洪水库,在调度权限上是分级的,在技术上是固定泄量的调度计算,只需要考虑泄洪设施的泄流能力约束。④补偿条件。根据水库距离保护区距离不同,有效地利用水库的防洪库容,可采用完全补偿调节与近似错峰调节的方式,这在水库有较多的空闲库容时较为实用。⑤预报预泄。利用泄水预报的成果,在洪水出现前提前泄出一部分水库水量,从而增加水库调蓄洪水的容积。⑥兴利蓄水调度。根据汛末洪水发生规律,以预报预见期及水库预泄条件为依据,合理拦蓄洪水尾巴,以便兴利蓄水。

目前在进行水库群防洪优化调度时，最大削峰准则应用较为广泛。最大削峰准则以入库洪峰流量 Q_{max} 消减最多作为防洪调度最优判别指标，利用水库的调蓄尽可能使水库放水均匀，以减少每一时刻的损失深度。对于最大削峰准则来说，其实质是在充分利用水库群各水库防洪库容的前提下，尽可能使水库下泄量的最大值最小化。

防洪调度中，水库群系统的结构形式是多样的，如串联、并联、混联等。但基本的形式有两种：串联和并联。

(1) 串联水库群形式

以 5 座水库串联形式为例说明，如图 3.7-1 所示。

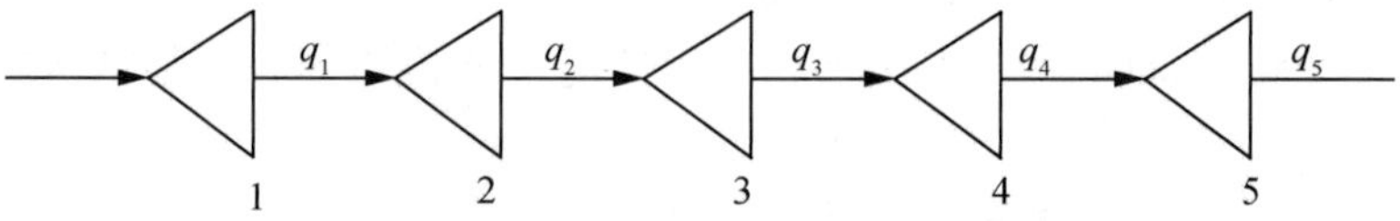

图 3.7-1　串联水库群示意图

串联水库群形式的最大削峰目标准则表达式为：

$$\min\int_{t_0}^{t_d}\left[q_1^2(t)+q_2^2(t)+q_3^2(t)+q_4^2(t)+q_5^2(t)\right]\mathrm{d}t \qquad (3.7\text{-}1)$$

式中：$q_i(i=1,2,\cdots,5)$为包括区间入流在内的各水库下泄流量，各水库的区间入流过程由设计洪水成果或洪水预报方案确定；t_0、t_d 为洪水过程的计算起止时间。目标函数反映了使洪峰流量及过程尽可能均化的准则。

(2) 并联水库群形式

以 5 座水库形式为例说明，如图 3.7-2 所示。

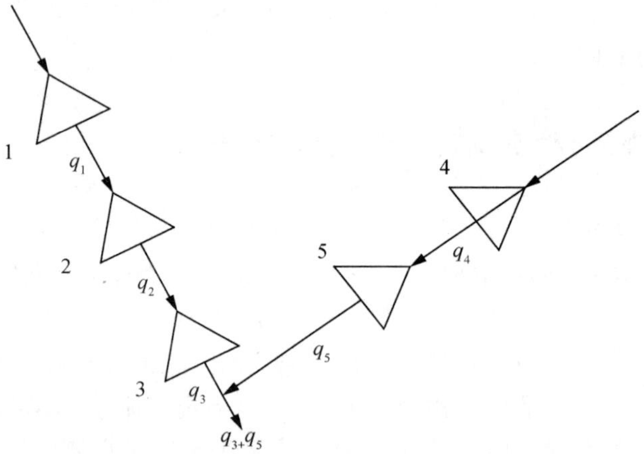

图 3.7-2　并联水库群示意图

并联水库群最大削峰目标准则的表达形式为：

$$\min\int_{t_0}^{t_d}\left\{q_1^2(t)+q_2^2(t)+q_3^2(t)+q_4^2(t)+q_5^2(t)+\left[q_3(t)+q_5(t)\right]^2\right\}\mathrm{d}t \qquad (3.7\text{-}2)$$

式中：$q_i(i=1,2,\cdots,5)$为包括区间入流在内的各水库下泄流量，各水库的区间入流过程由设计洪水成果或洪水预报方案确定；t_0，t_d 为洪水过程的计算起止时间。目标函数反映了使洪峰流量及过程尽可能均化的准则。

串联和并联水库群中，水库数量较少时，可采用线性规划或非线性规划。

2. 粒子群优化方法

粒子群优化方法(POS)是一种基于群智能(Swarm Intelligence)的进化计算技术，它最早由 Eberhart 博士和 Kennedy 博士于 1995 年提出，起源于对鸟类扑食行为的研究。

3.7.2 补偿调洪的模拟方法

水库群系统根据各库所处地理位置、流域气象水文条件、调蓄能力以及下游江河防洪要求和安全泄量，按照上级批准的防洪调度方案，开展补偿调洪，提高以防洪效益为主的综合效益和整体效益。

1. 补偿调洪原则

根据水库群的入库洪水和防洪任务要求，当不承担下游防洪任务，只需保证水库大坝安全时，或水库承担下游防洪任务而入库洪水超过下游防洪标准设计洪水时，多采用自由泄流或按固定值泄放对洪水调节。当上游水库群共同承担下游防洪任务时，一般要考虑补偿问题。对于梯级水库群系统和下游防洪任务要求，多采用补偿调洪方式。补偿调洪要满足下述要求：

$$q + Q_{区} \leqslant Q_{允许} \tag{3.7-3}$$

式中：q 为水库下泄流量；$Q_{区}$ 为区间流量；$Q_{允许}$ 为下游河道安全泄量。

当下游为河网时，有多个防洪控制断面，需求水库下泄量与区间流量之和不大于相应防洪控制断面的流量。

补偿调洪时，利用区间的降雨及有关的水情信息，预测水库下游区间洪水的趋势，特别是区间洪峰出现时间的可能变动范围，区间来水大则水库少放水，区间来水少则水库多放水，控制两者的组合流量不超过防洪控制点的允许泄量，实现水库泄流量与区间流量对接。①当水库群洪水具有同步性时，调洪能力大的水库作为防洪补偿调节水库，其余为被补偿水库。②洪水同步性差时，应将各水库泄流量最大值与区间洪峰错开，即寻求最佳错峰方案。③在实际的洪水调度中，还要结合洪峰到达防洪控制点的时间和洪水预见期的长短，结合一些判断性指标，采用经验性或统计性的补偿调节洪水方式。

2. 模拟计算方法

单一水库和水库群的补偿调洪有区别，单一水库只有一个断面安全泄量，水库群可能在整个河道上有多处安全泄量要求。

(1) 河道安全泄量确定

为了使整个系统能真实反映降水和洪水的变化情况，采用实时校正的河网非恒定流计算模型。

1) 水流控制方程

$$\frac{\partial Q}{\partial x} + B\frac{\partial Z}{\partial t} = q_l \tag{3.7-4}$$

$$\frac{\partial Q}{\partial t}+\frac{\partial}{\partial x}(\alpha\frac{Q^2}{A})+gA\frac{\partial Z}{\partial x}+g\frac{n^2Q|Q|}{AR^{\frac{4}{3}}}=q_l v_x \qquad (3.7\text{-}5)$$

式中：Q 为流量；Z 为水位；B 为水面宽；q_l 为单位河长旁侧入流流量；α 为动量校正系数；n 为河道糙率系数；R 为水力半径；v_x 为旁侧入流沿水流方向的速度分量，如果旁侧入流垂直于主流，则 $v_x=0$；g 为重力加速度。

2）汊点连接方程

在大多数河网中，根据几何原则，将汊点作为具有调蓄作用的贮水池，根据实际要求和调蓄能力的大小，决定是否考虑汊点的水量调蓄作用，一般需要满足连续性条件和动力两个相容条件，连续性条件：

$$\sum_i Q_i=\frac{\mathrm{d}V}{\mathrm{d}t} \qquad (3.7\text{-}6)$$

3）定解条件

水流初始条件：$t=0, Z(x,t)=Z(x,0), Q(x,t)=Q(x,0)$。

边界条件：当 $x=0, Z(x,t)=Z(0,t)$，当 $x=L$ 时，$Z(x,t)=Z(L,t)$。

（2）水库群联合调洪方案计算

水库群调洪计算的基本公式是水量平衡方程式

$$\frac{1}{2}(Q_t+Q_{t+1})\Delta t-\frac{1}{2}(q_t+q_{t+1})\Delta t=V_{t+1}-V_t \qquad (3.7\text{-}7)$$

式中：Δt 为计算时段长度；Q_t, Q_{t+1} 为 t 时段初、末的入库流量；q_t, q_{t+1} 为 t 时段初、末的出库流量；V_t, V_{t+1} 为 t 时段初、末水库蓄水量。

在水库群的调洪计算中，V_t, V_{t+1} 为决策变量，需要与水库泄流方程 $q=f(V)$ 联合进行求解。水库泄流方程一般由泄洪建筑物的闸门、堰等水头 h 与泄流量 q 的关系，通过水库水位-库容曲线转化进行求解。

3.7.3 多目标免疫遗传优化算法

水库群的综合调度往往是一个多目标优化问题。多目标优化调度的各个目标之间往往不存在同时到达最优化的情况，而是一个目标性能改善的同时其他目标性能下降，各个目标相互制约，多目标优化问题在本质上是寻求各个目标的 Pareto 最优解。

随着多目标进化遗传算法（MOEAs）的发展，基于 MOEAs 的多目标优化调度体现了巨大的优越性。而多目标免疫遗传算法将免疫原理与遗传原理相结合，以提高算法的整体性能。该算法由抗原识别、抗体产生、适度计算、向记忆细胞分化、抗体的促进和抑制、抗体产生（交叉、变异）6 个模块组成。

多目标免疫遗传算法比基本遗传算法更实用和高效，成为求解复杂多目标问题的有效工具，基本步骤如下：个体编码、群体编码、个体适应度计算、选择操作、交叉操作、变异操作、免疫操作、终止条件。

3.8 水库群联合调度响应评估方法

水库群联合调度响应是指由水库群组成的水资源系统，由于水库调度运行方式或运行策略的改变所引起的水资源系统的反应，该反应属于强激励反应。对于水库群防洪调度，遵循一般的调度目标和调度规则，洪水脉冲的洪峰流量、洪峰水位、洪水历时、洪水过程线、洪水总量和洪水频率将产生较大改变，进而对其下游河道生态系统产生较大影响；对于水库群兴利调度，由于河道内水资源的减少及其时空变化，对水库下游河道生态系统产生较大影响。

根据水库群联合调度目的及其影响对象，响应包括两个方面：一是水库联合调度对下游河道生态系统引起的反应；二是水库群联合调度对区域水资源生态经济复核系统引起的反应。因此，响应评估可分为两个层次。一是河道生态系统参数估计，即水库群联合调度前后河流生态系统水文特征的变化评估；二是区域水资源生态经济复合系统评估，即从整体上评估水库群优化调度对区域水资源生态经济复合系统的影响。

国际上常用的研究河流生态系统变化的方法是变动范围法（RVA），该方法用于评价大坝和水库等水利工程对天然径流水文变异的影响，如今在相近与相关领域逐渐得到应用。

1977 年 Richter 等人提出了采用变化范围法对河流水文情势改变及其影响程度进行评估，该方法以天然且与生态相关的流量特征的统计分析为基础，从量、时间、频率、延时和变化率等 5 个方面的水文特征对河流进行描述，通过对比不同条件下的河流水文条件，反映河流流量受到水利工程建设及运行的影响程度。其中的水文特征一般用水文改变指标（简称 IHA）来表示。IHA 一般用于分析水文系列的变化情况，利用长系列的日水文数据，通过将其转换为一种与生态相关的、易采集、表征性强、多参数的水文指标系列，来评价水文系统变化的程度及其对生态系统的影响。

1. 水文改变指标（IHA）

水文改变指标法（IHA）以水文情势的量、时间、频率、延时和变化率等 5 种基本特征为基础，根据其统计特征划分为 5 组、33 个指标，见表 3.8-1。

表 3.8-1　水文改变指标及参数特征

组别	内容	特性	指标序号	IHA（水文改变指标）
1	各月流量	量	1～12	各月流量平均值
2	年极端流量	频率	13～22	年最大、最小（1、3、7、30、90 d）流量平均值
		延时	23～24	断流天数、基流指数
3	年极端流量发生时间	时间	25～26	年最大、最小流量发生时间
4	高、低流量频率与延时	频率	27～28	每年发生低流量、高流量的次数
		延时	29～30	低流量、高流量平均延时
5	高、低流量频率与延时	频率	31～32	流量平均减小率、增加率
		延时	33	每年流量逆转次数

河流水文改变指标主要通过月流量状况、极端水文参数的大小与延时、极端水文现象的出现时间、脉动流量的频率与延时、流量变化的出现频率与变化率等 5 个方面描绘河流年内的流量变化特征。然而这些河流水文变化改变指标与河流生态系统是密切相关的。IHA 的各组参数与河流生态系统的相关关系见表 3.8-2。

表 3.8-2　IHA 的各组参数及其对河流生态系统的影响

组别	河流生态系统的影响
第 1 组	满足水生生物的栖息地需求、植物对土壤含水量的需求、具有较高可靠度的陆地生物的水需求、食肉动物的迁徙需求及水温、含氧量的影响。
第 2 组	满足植被扩张，河流渠道地貌和自然栖息地的构建，河流和滞洪区的养分交换，湖、池塘、滞洪区的植物群落分布的需要。
第 3 组	满足鱼类的洄游产卵、生命体的循环繁衍、生物繁殖期的栖息地条件、物种的进化需要。
第 4 组	产生植被所需要的土壤湿度的频率和大小，满足滞洪区对水生物的支持、泥沙运输、渠道结构、底层扰动等的需要。
第 5 组	导致植物的干旱，促成岛上、滞洪区的有机物的诱捕，低速生物体的干燥迫胁等行为。

2. 改变范围法（RVA）

RVA 方法是在分析 IHA 指标的基础上，以详细的流量数据来评估受水利工程建设影响前后的河流流量自然变化状态。一般以日流量数据为基础，以未受水利设施影响前的流量自然变化状态为基准，统计 33 个 IHA 指标在建库前后的变化，分析河流受人类干扰前后的改变程度。

设置 IHA 指标受影响程度的标准，一般需以生态方面受影响的资料为依据，由于资料缺乏，Richter 等提出以各指标的平均值加减一个标准偏差或以各指标发生几率的 75％及 25％的值作为各指标的上下限，称为 RVA 阈值。该方法认为：如果受到影响后流量数据的 IHA 值落于 RVA 阈值内的频率与受影响前的频率保持一致，则表示水利工程建设与运行对河流的影响轻微，仍然保有自然的流量变化特征；若受影响后的流量数据统计值落于 RVA 阈值内的频率远大于或小于受影响前的频率，则表明水利工程建设与运行已经改变了原有河流变化特征，此改变将可能进一步对河流生态系统产生严重的负面影响。采用水文改变度来衡量河流生态系统这一变化。

RVA 的评估步骤可分为以下 4 步：

① 以受影响前的日流量资料计算 33 个 IHA 指标特征值。

② 依据上一步的计算结果定义各个 IHA 指标的 RVA 阈值范围。选取各个指标变化前发生几率的 75％及 25％的值作为 RVA 阈值范围。

③ 以受影响后的日流量资料计算 33 个指标特征值。

④ 以上述步骤所得的 RVA 阈值来评判变化后河流水文情势的改变程度，确定其影响，并以整体水文改变度表征。

Richter 等提出水文改变度的定义如下：

$$D_i = \left| \frac{Y_{0i} - Y_f}{Y_f} \right| \times 100\% \qquad (3.8\text{-}1)$$

式中：D_i 为第 i 个 IHA 的水文改变度；Y_{0i}为第 i 个 IHA 在变化后仍落于 RVA 阈值内的年数；Y_f 为变化后 IHA 预期落于 RVA 阈值内的年数。

水文改变度的评价标准：若 D_i 值介于 0～33%间属于低度改变；介于 33%～67%间属于中度改变；介于 67%～100%间属于高度改变。

3.9 水库群联合调度最大削峰目标的粒子群算法算例

3.9.1 水库群联合调度最大削峰目标函数

水库群防洪调度最优化准则通常有以下 3 种形式：①最大削峰准则；②最短洪淹历时准则；③最小洪灾损失或最小防洪费用准则。以最大削峰准则为例，在满足大坝（或库区）防洪安全条件下，尽量满足下游防洪要求，尽可能消减洪峰流量，对于 n 个串联水库，n 个防洪点的（如图 3.9-1 所示）目标函数如下。

不考虑区间补偿时：

$$\min \int_{t_0}^{t_d} [q_1^2(t) + q_2^2(t) + \cdots + q_{n-1}^2(t) + q_n^2(t)]\mathrm{d}t \tag{3.9-1}$$

考虑区间补偿时：

$$\begin{aligned}\min \int_{t_0}^{t_d} \{&[q_1(t) + Q_{区,1}(t)]^2 + [q_2(t) + Q_{区,2}(t)]^2 + \cdots + \\ &[q_{n-1}(t) + Q_{区,n-1}(t)]^2 + [q_n(t) + Q_{区,n}(t)]^2\}\mathrm{d}t\end{aligned} \tag{3.9-2}$$

式中：$q_n(t)$为第 n 个水库在 t 时刻的出库流量；$Q_{区,n}(t)$为第 n 个水库至下游水库或防洪点的区间流量；t_0 为调度期初时刻；t_d 为调度期末时刻。

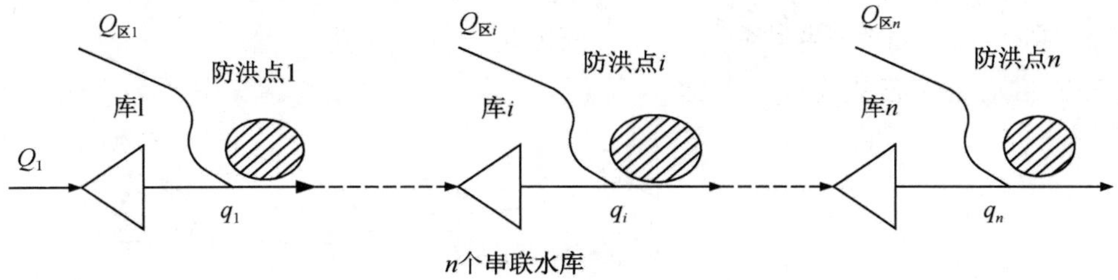

图 3.9-1　n 个串联水库

在流域梯级水库防洪优化调度过程中，在确保工程本身防洪安全前提下，每个水库应将其下级水库作为保护对象进行优化调度，最大限度地消减下级水库的入库洪峰。水库群防洪优化调度逐渐成为防洪减灾或者洪水资源利用方面的研究热点。常用的的优化方法有线性规划法、非线性规划法、网络流规划法、动态规划法等。为解决复杂的水库防洪优化调度问题，微粒子群算法作为一种新的优化技术，具有突出的全局和局部搜索能力。

3.9.2 粒子群算法(POS算法)求解步骤

POS算法求解步骤如下：

步骤1，对微粒群初始化设置，包括设置群体规模、迭代次数、粒子最大允许速度 $v_d^{\max}$，随机给出初始粒子 x_i^0 和粒子初始速度 v_i^0。其中每个粒子向量代表一个水库群调度过程，粒子向量的坐标对应水库每一时刻的水位。

步骤2，按式(3.9-1)或者式(3.9-2)计算适应函数值 $f(x_i)$，与自身的最优值 $f(g^{best})$ 进行比较。若 $f(x_i)<f(g^{best})$，则用新的粒子取代前一轮粒子，即 $p_i^{best}=x_i$。

步骤3，将每个粒子的最佳适应值 $f(p_i^{best})$，与所有粒子的最佳适应值 $f(g^{best})$ 进行比较。若 $f(p_i^{best})<f(g^{best})$，则用该粒子的最佳适应值取代原有全局最佳适应值，同时保存粒子的当前状态，即 $f(p_i^{best})=f(g^{best})$，$g^{best}=p_i^{best}$。

步骤4，判断是否满足迭代停止条件。

3.9.3 计算结果

(1) 流域概述

水库1位于某流域上，水库控制流域面积132 km^2，总库容1.12亿m^3，是一座供水、防洪结合发电的综合利用大(2)型水库，水库2位于水库1的下游，水库1与水库2区间流域面积127 km^2，水库2总库容1.2亿m^3，是一座以防洪、灌溉为主的综合利用的大(2)型水利工程。水库2至下游防洪点B区间为平原，流域面积为89.7 km^2，其防洪安全由水库1和水库2共同承担。另外，水库1还需要保证下游防洪点A处能防御20年一遇的洪水。水库1、水库2及防洪点A、B的位置如图3.9-2所示。

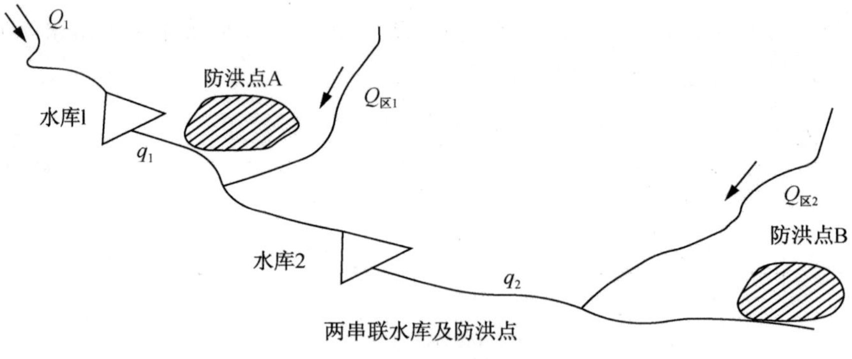

图3.9-2 两个串联水库及防洪点

当水库流域遭遇50年一遇的洪水时，下游防洪点B处将受淹没。为了尽可能减少淹没造成的损失，按最大削峰准则进行水库调度，其目标函数如下：

$$\min\sum_{t=1}^{T}\left[q_1^2(t)+(q_2(t)+q_{区,2}(t))^2\right]\Delta t$$

约束函数应满足式(3.9-1)、式(3.9-2)、式(3.9-3)、式(3.9-4)、式(3.9-5)的条件。

水量平衡约束：

$$V(t)=V(t-1)+\left[\frac{Q(t)+Q(t-1)}{2}-\frac{q(t)+q(t-1)}{2}\right]\times\Delta t \qquad (3.9\text{-}1)$$

式中：$V(t)$，$V(t-1)$为第 t 时段始末的水库蓄水量；$Q(t)$，$Q(t-1)$为第 t 时段始末的入库流量；$q(t)$，$q(t-1)$为第 t 时段始末的出库流量；Δt 为时段长。

水库最高水位约束：

$$Z(t)\leqslant Z_m(t) \qquad (3.9\text{-}2)$$

式中：$Z(t)$为第 t 时段末的计算水库水位；$Z_m(t)$为第 t 时段末的允许最高库水位。

调度末水库水位约束：

$$Z_{end}\leqslant Z_e \qquad (3.9\text{-}3)$$

式中：Z_{end}为调度末期计算水位；Z_e 为调度末期的控制水位。

水库泄流能力约束：

$$q(t)\leqslant q(Z(t)) \qquad (3.9\text{-}4)$$

式中：$q(t)$为第 t 时段末的出库流量；$q(Z(t))$为第 t 时段末相应于水位 $Z(t)$的下泄量。

上下库之间的水力联系：

$$Q_2(t)=q_1(t)+q_{区,1}(t) \qquad (3.9\text{-}5)$$

式中：$Q_2(t)$为水库 2 的入流量；$q_1(t)$为水库 1 的下泄流量；$q_{区,1}(t)$为库 1 和库 2 区间的流量。

除上述条件外，约束函数还需要满足当 $Z\leqslant Z_{m,5\%}$时，水库下泄流量 $q\leqslant q_{m,5\%}$，其中 Z 为水库库水位，$Z_{m,5\%}$为水库遭遇 20 年一遇($P=5\%$)洪水时的调洪最高水位，q 为水库下泄流量，$q_{m,5\%}$为水库遭遇 20 年一遇($P=5\%$)洪水时的最大下泄流量。

采用惩罚函数法处理约束函数，粒子群优化算法参数设置如下：

学习因子 $C_1=2$，$C_2=2$。惯性权重系数最大值 $W_{max}=0.9$、最小值 $W_{min}=0.4$，最大速度 $v_{max}=0.1$，最大循环次数取 1 000，种群数取 100。通过计算得到，当水库遇到 50 年一遇($P=2\%$)洪水时，两座水库的调洪结果见表 3.9-1。图 3.9-3、图 3.9-4 分别为库 1、库 2 的 $P=2\%$的洪水调蓄过程。

表 3.9-1　水库 1、水库 2 两岸的调洪演算结果

水库	水库 1	水库 2
洪峰流量(m^3/s)	1 855	1 847
最高水位(m)	238.8	632.8
最大泄量(m^3/s)	672	831

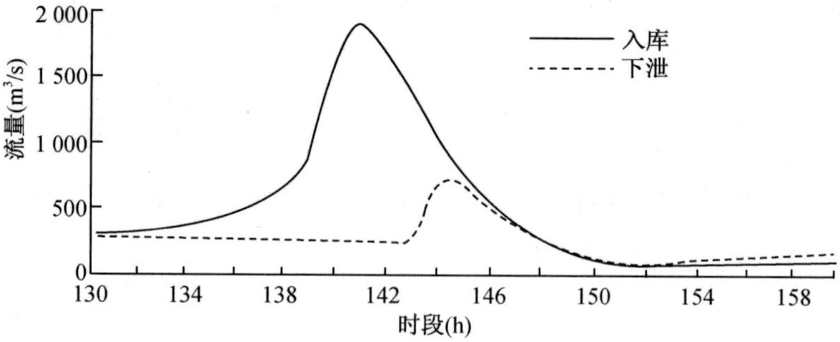

图 3.9-3　水库 1 洪水调蓄过程($P=2\%$)

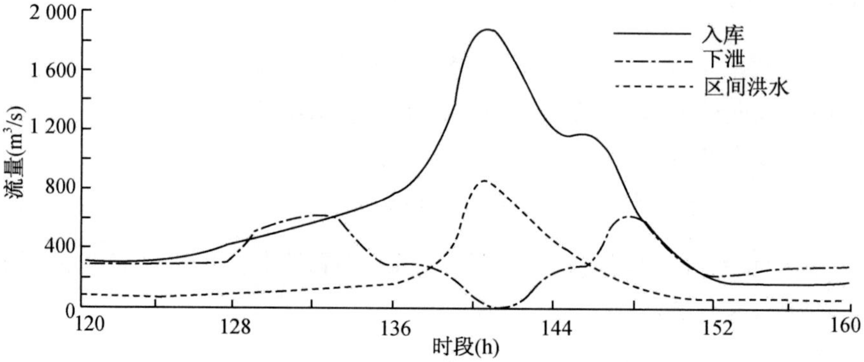

图 3.9-4　水库 2 洪水调蓄过程($P=2\%$)

第 4 章 水库优化调度

4.1 概　述

水库调度分为常规调度和优化调度，常规调度是根据水库的调度准则，利用径流调节理论和水能计算方法，确定满足水库既定任务的蓄水泄水过程。常规调度前述章节已经介绍，其调度方法简单直观，但常规调度只能从事先拟定的极其有限的方案中选择较好的方案，调度结果一般只是可行解，而不是最优解，而且该方法难以处理多目标、多约束和复杂水利系统的调度问题。水库优化调度是以系统工程方法为基础，建立以水库效益最大化为目标，以水量平衡、供水能力为约束条件的优化调度模型，然后用最优化的方法求解最优值的水库控制运用方式，是近 50 年来发展起来的一种水库调度方法。对于水电站水库，优化调度不需要增加额外的投资即可取得相当的效益。欧美等国家的调度资料表明：长期经济运行可增加发电量 2.0%～5.5%；短期经济运行可增加发电量 1.5%～5.0%；厂内经济运行可增加发电量 0.3%～0.5%。国内学者研究认为通过梯级水电站联合优化调度可提高流域水资源利用率，增发水电电量 2%～7%。

4.2　水库优化调度模型

4.2.1　优化准则

衡量水库优化调度方案优劣的标准，称为优化（或最优化）准则。确定优化准则，对水库优化调度十分重要。目前较为常见的几种优化调度准则是：

(1) 国民经济效益最大或国民经济费用最小准则。国民经济效益除了发电效益以外，有些效益（例如农业灌溉效益、防洪避难效益）除了与供水有关外，还与其他因素（人工栽培技术、种子好坏、洪灾人畜疏散路线设计、洪灾损失）等有关，是一个系统问题，尤其是有些因素具有不确定性和模糊性。按这个准则选择运行方式，效益计算相对其他准则较为困难。

(2) 在满足各水利综合利用部门一定要求的条件下，使电力系统的总耗煤量最小。这

个最优准则是国内广泛采用的准则，由于它既满足了整个电力系统的经济运行要求，又能节约水资源，从而提高水电厂群的经济效益。但该准则会造成水头最高的水电厂耗水量最大，从而造成该水库放空或低水位运行的现象。

(3) 在满足电力系统和水利综合利用部门一定要求的前提下，使水电站的发电量最大。这个准则适用于水电站为一独立供电系统，并且电量供不应求的情况。而目前所有水电厂都联入大电网，电厂的负荷过程要受到网调的统一调度。虽然水电厂本身效率低，但整个电力系统却是最经济、安全的；而按该准则会出现水电厂效益较高，即水轮机或运行在高效区，或停机，这样运行必然牺牲电力系统的经济性。因此，该准则不太适应目前我国水电站短期经济运行。

(4) 对以火电为主、水电为辅的电力系统中的调峰调频式电站，使水电站的最小出力最大化(或保证电能最大)。该最优准则由国外学者提出，取得了很好的效益，但该准则容易出现放空末级水库的现象，放空水库将影响下一日的经济运行，引起下一日经济运行无法调度。

准则(1)属于一般性准则，理论较为完善，但难以比较和统计，较少使用。准则(2)、(3)、(4)均为准则(1)的简化形式。其中准则(2)可视为电力系统整体最优准则，准则(3)、(4)为局部准则的简化形式。具体采用什么准则，要根据水库实际情况而定。

4.2.2 水库优化调度统一数学模型

基于水库调度优化准则，可以建立水库优化调度目标函数和约束条件，形成水库优化调度的数学模型。数学模型统一表达式如下：

$$\left.\begin{aligned} &\text{opt. } f(X) \\ &\text{s. t. } C_j(X) \leqslant 0,\ j = 1,2,3,\cdots,n \end{aligned}\right\} \tag{4.2-1}$$

式中：X 为 m 维向量变量，$X \subseteq R^m$，$f(X)$为目标函数，$C_j(X) \leqslant 0$ 是约束条件。

水库优化调度的目的就是在满足一定约束条件下，确定各变量的值，从而使目标函数达到最优。

水库调度的目标函数和约束条件方程组组成的数学模型，按照输入输出的不同以及目标函数和约束条件的差异，又可分为静态模型和动态模型、确定性模型和随机模型、线性模型和非线性模型。当系统变化与时间无关时，为静态模型。当在一定的时空范围内，变量和参数均采用确定值，通过优化求得的效益指标也是确定值时，就是确定性模型；而当考虑某些不确定性变量作为随机变量时，优化所得的效益是期望效益时，就是随机模型。当模型中所有数学方程都是线性时，就是线性模型；当模型中的全部或部分数学方程是非线性的，就是非线性模型。

水库优化调度通常是将水量(或蓄水位)作为状态变量，调度开始的蓄水量作为初始状态，是已知的。当沿时间坐标取定时段时，水库调度的任务就是确定该时段内水库的供水量、蓄水量和泄水量，同时得出时段末水库的蓄水状态。一般将每一阶段所采取的蓄泄决定称为决策。各阶段取一种决策组成的时间序列称为策略。一种策略实际上就是一种调度方案。图 4.2-1 中水库蓄水量与时间组成的平面称为策略空间。

由于每一阶段水库所采用的蓄泄决定不仅直接影响本阶段的输出，而且通过状态转移影响其他阶段的输出,因此,水库调度实际上是一个多阶段决策过程。水库优化调度的基本内容就是根据水库的入流过程,通过最优化方法,对水库调度的数学模型求解,以寻求优化的控制运用方案。水库照此优化方案蓄泄运行,可使防洪、灌溉、发电等部门所构成的总体在整个计算周期内总的效益最大,而不利影响最小。从数学观点看,寻求水库优化调度方案,就是求解包含时间因素的多阶段决策过程的优化问题。

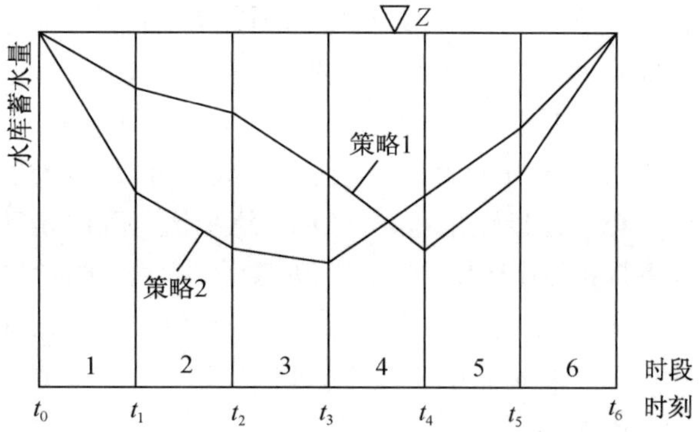

图 4.2-1 水库调度策略空间示意图

4.3 水库优化调度的最优化技术

4.3.1 优化调度技术概述

最优化原理(Principle of Optimality),是20世纪50年代提出的一种解决多阶段决策问题的数学方法,它指出一个过程的最优决策具有这样的性质,即无论其初始状态和初始决策如何,对以第一个决策所形成的状态作为初始状态的过程而言,余下的决策,必须构成最优策略。简而言之,一个最优策略的子策略,对于它的初态和终态而言也必是最优的。常用的水库优化调度方法主要有线性规划法(LP)、动态规划法(DP)、增量动态规划法(DDDP)、逐步优化算法(POA)等,属于确定性求解方法。这些方法在一定的时空范围内,入库径流为确定的值或过程,通过优化求解得到确定的效益值。此外还可以用各种随机或者模糊模型、神经网络、智能仿生算法等不确定模型进行求解。

(1) 线性规划法(LP):线性规划法要求水库调度数学模型的目标函数和约束条件均为线性。该法于1939年提出,目前应用较为成熟,有通用的求解程序,因此在水库调度中已得到广泛应用,是水库调度早期的运用方法之一,为水库优化调度的发展奠定了良好的基础。

(2) 动态规划法(DP):动态规划法是解决多阶段决策过程最优化的一种数学方法。动态规划在水库调度中的应用可根据入库径流情况分为确定型动态规划和随机型动态规划,其方法易于确定最优解,能得到子过程的每一组解,有利于结果分析。但动态规划法也存在不足之处,即在求解过程中,需要将状态变量离散化,占用内存多,计算量会随状态变量的增加膨胀式变大从而导致维数灾问题,因此动态规划法在使用过程中受到了一定的限制。

(3) 增量动态规划法(DDDP):增量动态规划法是动态规划的一种改进算法,它采用逐次逼近的方法进行寻优,每次寻优只在某个状态序列附近较小的范围内,用动态规划法进行,有效地克服了常规动态规划法在求解多维问题时的维数灾问题。增量动态规划法对初始状态序列要求较高,所选初始决策序列愈接近最优决策序列,则增量动态规划法的计算工作量愈小,因此一般应根据经验或其他简便方法定出一条尽可能接近最优的决策序列作为

初始状态序列，在此基础上进行增量动态规划的寻优；另外，增量动态规划所求得的解不能保证在所有情况下都收敛到全局最优，有可能收敛到某一局部最优解，因此为增加所得结果为真正总体最优解的可能性，可采用从不同的几个初始状态开始。然后在几个不同的最优解中选出最好的解作为最优解，这样可以大大提高该算法收敛到最优解的概率。

(4) 逐步优化算法(POA)：逐步优化算法是动态规划的另一种改进算法，1975 年由加拿大学者提出，用于求解多状态动态规划问题，作者根据 Bellman 最优化原理，提出逐步最优化理论。该算法的优点在于状态变量不必离散，因而能获得较精确的解，可以收敛到总体最优解。

近年来随着电子计算机技术的发展，大量基于模糊、随机、人工智能及仿生的计算方法被提出用于求解水库优化调度问题。这类方法适应性强，适用于计算机进行大量计算，对库群优化调度等复杂优化问题能够较好地求解。常见的优化算法有模糊优化方法(FOA)、模拟退火算法(SAA)、禁忌搜索算法(TSA)、遗传算法(GA)、人工神经网络(ANN)、人工免疫算法(AIA)、蚁群算法(ACA)、粒子群算法(PSO)和混沌优化算法(COA)等。

(1) 模拟退火算法(SAA)：模拟退火算法最早由 Metropolis 于 1953 年提出，是一种全局最优算法，它是基于迭代求解策略的一种随机寻优算法，源于对固体退火过程的模拟，用 Metropolis 接受准则，并用一组称为冷却进度表的参数来控制算法的进程，使算法在多项式时间内给出一个近似最优解。

(2) 禁忌搜索算法(TSA)：禁忌搜索算法最早由 Glover 等于 1986 年首次提出，是一种启发式搜索技术。它是对局部邻域搜索的一种扩展，是一种全局逐步寻优算法。TSA 通过引入一个灵活的存储结构和相应的禁忌表来避免重复搜索，并通过藐视准则赦免一些被禁忌的优良状态。TSA 对初始解的依赖性较强，好的初始解有助于搜索很快地达到最优解，而较坏的初始解使搜索很难或不能够达到最优解，其迭代搜索过程是串行的，仅是单一状态的移动，而非并行搜索。

(3) 遗传算法(GA)：遗传算法根据模拟生物进化的基本过程，将生物进化中的染色体用数码串表示，通过一代代的选择、交叉、变异等遗传运算来寻求问题的最优解。GA 不依赖于问题领域的信息来指导搜索，GA 实现简单，效果良好，通用性好，稳定性好等，但 GA 属于概率性搜索优化，存在局部寻优效果不好的缺点，且在算法后期搜索速度缓慢。GA 很大程度上取决于问题的多种参数，若这些参数设置不好，会出现“早熟收敛”现象。

(4) 人工神经网络(ANN)：人工神经网络是在对人脑组织结构和运行机制的认识理解基础之上模拟其结构和智能行为的一种工程系统。ANN 的特点和优越性主要表现在 3 个方面：一是具有自学习功能。例如实现图像识别时，只要先把许多不同的图像样本和对应的应识别的结果输入人工神经网络，网络就会通过自学习功能，慢慢学会识别类似的图像。二是具有联想存储功能。三是具有高速寻找优化解的能力。寻找一个复杂问题的优化解，往往需要很大的计算量，利用一个针对某问题而设计的反馈型人工神经网络，发挥计算机的高速运算能力，可能很快找到优化解。人工神经网络的缺点是一旦能量函数陷入到局部极小值，它将不能自动跳出局部极小点而到达全局最小点，因而无法求得网络最优解。

(5) 混沌优化算法(COA)：混沌优化算法利用混沌的遍历性(混沌运动能在一定的范围内按其自身的“规律”不重复地遍历所有状态)，用类似载波的方法将混沌状态引入到优化变量中，并把混沌映射(Logistic 映射)产生的序列“放大”到决策变量的取值空间，然后利用混沌变量进行搜索。COA 分两个阶段进行：首先，在整个空间内按照混沌变量的变化规律依

次考察经过的各点，接受较好的点作为当前最优点；其次，一定步数后认为当前最优点已在实际最优点附近，然后以当前最优点为中心，附加一混沌小扰动，进行仔细搜索寻找最优点。

(6) 人工免疫算法(AIA)：人工免疫算法的研究始于20世纪90年代后期，AIA模仿生物免疫系统的自适应机制和排除机体的抗原性异物机制，从而使AIA具有学习、记忆和自适应调节能力，AIA将抗原和抗体分别对应于优化问题的目标函数和可行解。把抗体和抗原的亲和力视为可行解与目标函数的匹配程度，用抗体之间的亲和力保证可行解的多样性，通过计算抗体期望生存率来促进较优抗体的遗传和变异，用记忆细胞单元保存择优后的可行解来抑制相似可行解的继续产生并加速搜索到全局最优解。同时，当相似问题再次出现时，能较快产生适应该问题的较优解甚至最优解。

(7) 蚁群算法(ACA)：蚁群算法由意大利学者M. Dorig等人于1991年首先提出。仿生学家经过大量细致观察研究发现，蚂蚁个体之间是通过一种称之为外激素(phero-mone)的物质进行信息传递，从而相互协作，完成复杂任务的。ACA不仅利用了正反馈原理，在一定程度上可以加快进化过程，而且是一种本质并行的算法，个体之间不断进行信息交流和传递，有利于发现较好解。单个个体容易收敛于局部最优，但多个个体通过合作，很快收敛于解空间的某一子集，有利于对解空间的进一步探索，从而不易陷入局部最优。但是ACA也具有速度慢、易陷入局部最优等缺点。蚁群中多个个体运动是随机的，当群体规模较大时，要找出一条较好的路径需要较长的搜索时间。

(8) 粒子群算法(PSO)：粒子群算法是由Kenney与Eberhart于1995年提出的一种模拟鸟群的捕食行为的微粒群算法。PSO求解问题的基本思想是随机产生一粒子群作为初始解，用粒子的位置表示待优化问题的解，每个粒子性能的优劣程度取决于待优化问题目标函数确定的适应值，微粒尽量靠近最优点并且有随机的变化发生，使得微粒不会停留在最优点不动，而是尽量靠近，同时保持创新性。每个微粒记录它自己的最优位置(pbest)，还要记录所有微粒的最优位置(gbest)，然后通过比较当前位置和两个最优位置的差别来调整速度以确定下一步的位置。每个粒子由一个速度矢量决定其飞行方向和速率大小，通过改变速度的大小和方向使随机的初始解“飞向”最优解。PSO优势在于简单、易于实现，没有许多参数需要调整，但算法收敛性、理论依据等还有待研究。

4.3.2 线性规划技术

线性规划是解决静态数学模型的最优化技术，尤其是当模型中目标函数和约束条件方程组均为线性方程时。

1. 线性规划问题的数学模型及其解的定义

线性规划数学模型的标准形式为：

目标函数
$$\max Z = C_1x_1 + C_2x_2 + \cdots + C_nx_n \tag{4.3-1}$$

约束条件组
$$\begin{cases} a_{11}x_1 + a_{12}x_2 + \cdots + a_{1n}x_n = b_1 \\ a_{21}x_1 + a_{22}x_2 + \cdots + a_{2n}x_n = b_2 \\ \vdots \\ a_{m1}x_1 + a_{m2}x_2 + \cdots + a_{mn}x_n = b_n \\ x_1, x_2, \cdots, x_n \geqslant 0 \end{cases} \tag{4.3-2}$$

或简写为：

$$\max Z = \sum_{j=1}^{n} C_j x_j \tag{4.3-3}$$

$$\begin{cases} \sum_{j=1}^{n} a_{ij} x_j = b_i & i = 1,2,\cdots,m \\ x_j \geqslant 0 & j = 1,2,\cdots,n \end{cases} \tag{4.3-4}$$

其中，a_{ij} 及 C_j 均为给定常数，可为任意实数。b_i 必须为正数。

当实际问题与标准形式有差异时，可通过以下变换，将其化为标准形式：

① 如 b_i 为负，则可将等式两边变号。

② 如约束条件为不等式，则可引入一个非负的松弛变量，将不等式变为等式。而目标函数中，松弛变量前的系数为零。

③ 如某决策变量 x_k 无非负要求，则可将它用两个非负变量之差表示，即令 $x_k = x'_k - x''_k$，其中 $x'_k \geqslant 0, x''_k \geqslant 0$。

④ 双向约束一般可作为两个约束处理。即当 $b_1 \leqslant x_i \leqslant b_2$ 时，可处理为 $x_i \geqslant b_1, x_i \leqslant b_2$。

⑤ 如目标函数是最小化，即 $\min Z = \sum_{j=1}^{n} C_j x_j$，则方程两端变号，变为最大化 $\max Z' = -\sum_{j=1}^{n} C_j x_j$。

线性规划问题解的概念包括：

可行解——满足约束条件式(4.3-4)的任何一个解称为可行解。所有可行解的集合称为可行域(或称约束多边形)。

最优解——满足式(4.3-3)的可行解，称为最优解。也就是使目标函数达到最大的可行解。

基本可行解——可行域角点上的可行解，称为基本可行解。

2. 线性规划问题的一般解法

线性规划问题中，当变量是二维时，可以用图解法求解。当维数较多时，需用单纯形法求解。下面用一个二维的线性规划问题来说明图解法和单纯形法的求解过程和步骤。

设某水库可分配水资源量为 5 个单位，拟供给甲乙两个灌区。两灌区的最大需水量分别为 4 和 3 个单位。当两灌区单位水量可获得的灌溉效益分别为 2 和 3 时，要解决如何配水才可使获得的效益最大的问题。首先设水库向甲乙两灌区分配的水量分别为 x_1 和 x_2 个单位，于是该问题的数学模型可写成：

目标函数
$$\max Z = 2x_1 + 3x_2 \tag{4.3-5}$$

约束方程组
$$\begin{cases} x_1 \leqslant 4 \\ x_2 \leqslant 3 \\ x_1 + x_2 \leqslant 5 \\ x_1, x_2 \geqslant 0 \end{cases} \tag{4.3-6}$$

下面分别用图解法与单纯形法进行求解。

(1) 图解法。图解法是解二维线性规划问题的简便方法。虽然当维数较多时，图解法已难以应用，但是从此法中得出的一些概念却为理解单纯形法提供了直观的基础。

首先，绘制以变量 x_1 和 x_2 为坐标轴的直角坐标系，该坐标系构成了一个策略平面，如图 4.3-1。

然后，将约束条件式(4.3-6)全部绘到图 4.3-1 上。可以看到，满足诸约束条件的解点必定在多边形 $OABCD$ 内(包括边界)。即该多边形内的每一个点都是可行解。该多边形区域也就是所有可行解的集合，称为可行域或可行策略区。显然，多边形以外的区域为不可行域。

可行域确定之后，也就找到了众多的可行解。为了找到使目标函数方程取得最大值的最优解，将式(4.3-5)改写成如下形式：

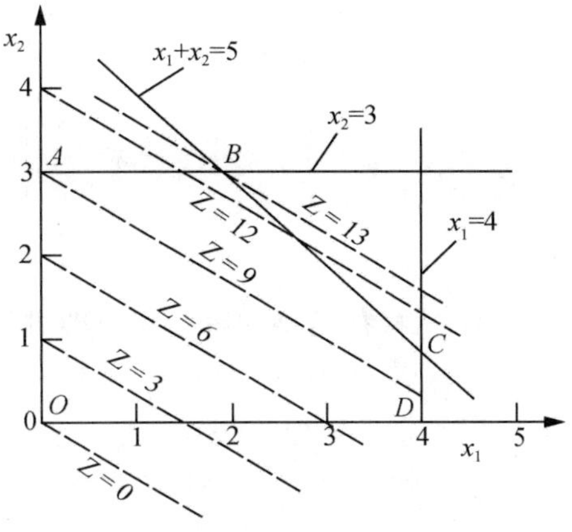

图 4.3-1　线性规划图解法

$$x_2 = -\frac{2}{3}x_1 + \frac{Z}{3} \tag{4.3-7}$$

该式实质上是斜率为 $-\frac{2}{3}$，截距为 $\frac{Z}{3}$ 的直线方程。当 Z 值为某一定值时，可在图 4.3-1 上绘出一直线，如图中的虚线所示。每一条虚线都表示由该虚线上不同的 x_1 和 x_2 取值，得到同一目标函数值为 Z。当 Z 值加大时，由于截距也相应加大，但斜率不变，故可绘出一组平行直线。在这组直线上取 x_1 和 x_2，可得到不同的目标函数值。当 Z 值由小变大时，直线 $x_2=-\frac{2}{3}x_1+\frac{Z}{3}$ 沿其法线方向向右上方移动。当移动到 B 点时，可按 $Z=9$、12 的距离等比量算的方法得出 Z 值为 13，为最大值。B 点以外目标函数值虽然继续增大，但越出了可行域，不属于可行解。B 点以内虽有众多可行解，但不是最优解。于是解得最优配水方案是：由图得出 B 点的坐标值 $x_1=2$，$x_2=3$，即向甲灌区配水 2 个单位，向乙灌区配水 3 个单位，$Z=2x_1+3x_2=4+9=13$，即所得效益最大为 13。

通过上述图解过程，可以得出以下的一般性结论：目标函数值相等的点在同一条直线上。各目标函数值是一组平行直线，其斜率相等。目标函数值沿某一方向递增或递减。目标函数最大或最小的可行解一定在可行域的角点上，或在两角点目标函数值相等的直线上。

图解法直观简便，当问题的变量是二维时，利用上述结论，可方便地求得最优解。但当变量超过三维时，就需要用代数解题方法——单纯形法。

(2) 单纯形法。由图解法知，线性规划问题的极值都出现在可行域的角点上。因此，只需在可行域的角点上寻求最优解。单纯形法就是从这一直观概念出发，来求解多维线性规划问题的常用方法。其基本思路是：从可行域的某一角点即某一基本可行解出发，在相邻的其余角点中找出使目标函数增优的一点，并以它作为新的出发点，用迭代法重复同样的步骤，直至到达某角点，目标函数不能再增优为止，则该角点的基本可行解就是最优解。仍用前面的例子进行说明。

1) 将数学模型写成标准形式。在数学模型式(4.3-5)和式(4.3-6)中引入松驰变量 x_3、

x_4 和 x_5，使不等式约束化为等式约束，得到标准形式：

$$\max Z = 2x_1 + 3x_2 + 0x_3 + 0x_4 + 0x_5 \tag{4.3-8}$$

$$\begin{cases} x_1 + x_3 = 4 \\ x_2 + x_4 = 3 \\ x_1 + x_2 + x_5 = 5 \\ x_1, x_2, x_3, x_4, x_5 \geqslant 0 \end{cases} \tag{4.3-9}$$

2）选择初始基本可行解。即进行(0)次迭代，在由式(4.3-8)和式(4.3-9)组成的方程组中，变量一共有5个，而联立的线性方程只有3个。因此，可以肯定至少有2个变量为零。把为零的变量称为非基本变量，不为零的变量称为基本变量。

令松驰变量 x_3、x_4 和 x_5 为基本变量，x_1 和 x_2 为非基本变量，由式(4.3-9)可得

$$\begin{cases} x_3 = 4 - x_1 \\ x_4 = 3 - x_2 \\ x_5 = 5 - x_1 - x_2 \end{cases} \tag{4.3-10}$$

令非基本变量 $x_1=0$、$x_2=0$，可解出基本变量 $x_3=4$，$x_4=3$，$x_5=5$。亦即初始基本可行解为 $x^{(0)}=(0,0,4,3,5)^{\mathrm{T}}$。这个基本可行解即是可行域的点 O，即图4.3-1中的坐标原点 O。

由上述示例所得的概念，可以用单纯形法的如下定理来描述：若一个具有 n 个变量（包括松驰变量）和 m 个等式约束的线性规划问题($n>m$)存在一个最优解，则在这个最优解中至少有 $n-m$ 个变量为0，至多有 m 个变量不为零。而当令 n 个变量中任意 $n-m$ 个变量为零时，即可由约束方程组解出其余 m 个变量。所得的解即为基本可行解，这样的解有 $\binom{n}{m}$ 个，也即可行域角点数的上限。

应用这一定理，可选择初始基本可行解，即起始的角点。选择时，可分以下几种情况加以确定：当原问题所有的约束条件均为不等式（"≤"或"≥"）时，可选松驰变量或人造变量作为初始基本可行解；当原问题中的约束条件同时包括等式和不等式时，则需用相应的松驰变量和人造变量作为初始基本可行解。

3）判断这个角点是否为最优解。将式(4.3-10)代入式(4.3-8)得

$$Z = 2x_1 + 3x_2 \tag{4.3-11}$$

式(4.3-11)中变量 x_1 与 x_2 的系数均为正，可见 x_1 与 x_2 均可以使目标函数值增大。说明该角点不是最优解。

4）换元，即另换一个角点，求新的基本可行解。换元原则是：将目标函数中系数为正且为最大的元换入，作为基本变量。该例中由式(4.3-11)看出 x_2 的系数为正且最大，增加 x_2 比增加 x_1 使目标函数值增加更快，故应将 x_2 换入作为基本变量。

再运用 θ 准则，计算约束条件式中的比值 θ，并比较大小，将正比值中最小者所在式的变量换出，作为非基本变量。所谓 θ 准则，是当确定换入变量后，将约束方程组中约束限制作用最大的方程中相应基本变量换出的判别方法。比值 θ 的含义为：

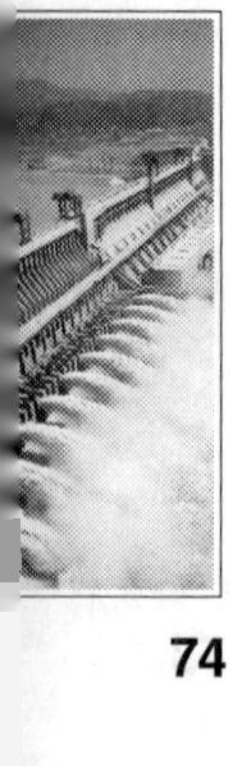

$$\theta = \frac{\text{等式右边的常数项}}{\text{换入元的系数}}$$

该例中，由式(4.3-9)得：

$$\theta_1 = \frac{4}{0}$$

$$\theta_2 = \frac{3}{1} = 3$$

$$\theta_3 = \frac{5}{1} = 5$$

$$\min\theta = \theta_2 = 3$$

由此可知，当将 x_2 换入作为基本变量时，约束方程组中 $x_2 + x_4 = 3$ 的约束作用最大。故将对应的原基本变量 x_4 换出，作为非基本变量，并重复上述 2)、3)、4)步进行迭代计算。

进行(1)次迭代——现时的基本变量为 x_3、x_2 和 x_5，非基本变量为 x_1 和 x_4。于是由式(4.3-10)得：

$$\begin{cases} x_3 = 4 - x_1 \\ x_2 = 3 - x_4 \\ x_5 = 5 - x_1 - x_2 = 5 - x_1 - (3 - x_4) = 2 - x_1 + x_4 \end{cases} \tag{4.3-12}$$

令 $x_1 = x_4 = 0$，解得 $x_3 = 4, x_2 = 3, x_5 = 2$。即找到一个新角点 $x^{(1)} = (0,3,4,0,2)^T$。这个角点即是图 4.3-1 中可行域的点 A。

判别该角点是否为最优解，将式(4.3-12)代入式(4.3-8)中得：

$$Z = 2x_1 + 3(3 - x_4) = 2x_1 + 9 - 3x_4 \tag{4.3-13}$$

式(4.3-13)中 x_1 的系数为正，可见增加 x_1 仍可使目标函数值增大，说明该角点仍不是最优解。再进行换元，由式(4.3-13)知，x_1 应换入作为基本变量。由式(4.3-12)得：

$$\theta_1 = \frac{4}{1} = 4$$

$$\theta_2 = \frac{3}{0}$$

$$\theta_3 = \frac{2}{1} = 2$$

$$\min\theta = \theta_3 = 2$$

故将对应的基本变量 x_5 换入，作为非基本变量。

进行(2)次迭代——现时的基本变量为 x_3、x_2 和 x_1，非基本变量为 x_4 和 x_5。于是由式(4.3-12)得：

$$\begin{cases} x_3 = 4 - x_1 = 4 - (2 + x_4 - x_5) = 2 - x_4 + x_5 \\ x_2 = 3 - x_4 \\ x_1 = 2 + x_4 - x_5 \end{cases} \tag{4.3-14}$$

令 $x_4 = x_5 = 0$，解得 $x_3 = 2, x_2 = 3, x_1 = 2$。又找到一角点，$x^{(2)} = (2,3,2,0,0)^T$。再判别

该角点是否为最优解，即将式(4.3-14)代入式(4.3-8)中得：

$$Z=2(2+x_4-x_5)+3(3-x_4)=13-x_4-2x_5 \quad (4.3\text{-}15)$$

其中各变量(x_4与x_5)的系数均为负，故该角点即为最优解。于是求得原问题的解为$x_1=2$，$x_2=3$，$Z=13$。与图解法的结果相同。

4.3.3 动态规划技术

线性规划只能求解静态数学模型的最优化问题。但有很多问题是与时间或空间因素有关的，需要建立动态模型。动态模型由于参数变化和状态转移与时间或空间有关，因此可以按时间或空间将过程划分成若干阶段，分阶段进行决策。动态规划法是解决多阶段决策过程最优化的一种技术。

1. 多阶段决策过程

所谓多阶段决策过程是指根据时间与空间特性，可将问题的整个过程划分为若干阶段，在每一阶段都有相应决策的整个过程。在每一阶段，问题由初始状态经过某种决策，变为终点状态。这个终点状态，又是下一个阶段的初始状态。如此重复，经历所有阶段。而能使整个过程取得最优效益的多阶段决策过程，就是多阶段最优决策过程。

设水库供水期初的水位为正常蓄水位，供水期末的水位为死水位。为了求得水库在整个供水期的优化操作方案，决定水库的蓄泄过程，可将供水期以一个月作为阶段来划分。阶段数以n表示，各阶段的始末时刻以$t_i(i=0,1,2,\cdots,n)$表示，水库相应时刻的蓄水情况以状态变量$S_i(i=0,1,2,\cdots,n)$表示，相应阶段水库的蓄放水决定以决策变量$D_i(i=0,1,2,\cdots,k)$表示。于是，第i阶段时刻t_i的状态S_i，就是t_{i-1}时刻状态S_{i-1}经决策D_i的结果。而水库在i阶段的始状态S_{i-1}，采取D_i决策，所获得的效益为$r_i(S_{i-1},D_i)$或$f_i(S_{i-1})=r_i\times(S_{i-1},D_i)$。从第$i$阶段初状态$S_{i-1}$，作$i$阶段决策$D_i$，直至第$n$阶段末所获得的总效益以$f_i^n(S_{i-1},D_i)$表示。并用加“$*$”号的$f_i^{n*}(S_{i-1},D_i)$表示$i$阶段初至$n$阶段末的最优总效益。显然，状态$S$与效益$r$都是决策$D$的函数。而整个供水期的总效益与每一阶段的决策有关。为了求得最大效益，必须分阶段作出决策，并使每一阶段取一个决策所组成的决策序列为最优策略。

2. 递推关系与最优化原理

水库调度这一多阶段决策过程，由于各阶段可有许多状态和作出不同决策，从而构成众多的策略，就是有众多的调度方案。因而采用穷举法逐一计算各方案的总效益，用以选出总效益最大的优化方案，显然，这是非常繁琐且难以实行的。动态规划法就是运用递推关系与最优化原理来求解多阶段决策过程最优效益的方法。

假设水库的供水期为11月初至3月末，以月为阶段，并经初步筛选，每阶段还余留3个状态和9个决策可供比较。如图4.3-2，图中带圈编号为各阶段始末的水库状态(水库水位或蓄水量)，线上数字表示各阶段根据入库径流采取不同决策可获得的综合效益。

现由最末一个阶段3月份开始，逆时序进行分析。此时阶段数$n=5$，阶段初状态有⑩、⑪和⑫，阶段末状态为B。由初状态到末状态，各有一种决策，其最大效益求解方程分别为$f_5^{5*}(10)=r_5(10,\mathrm{B})$、$f_5^{5*}(11)=r_5(11,\mathrm{B})$和$f_5^{5*}(12)=r_5(12,\mathrm{B})$，见表4.3-1，式中“$*$”表示最优的意思。

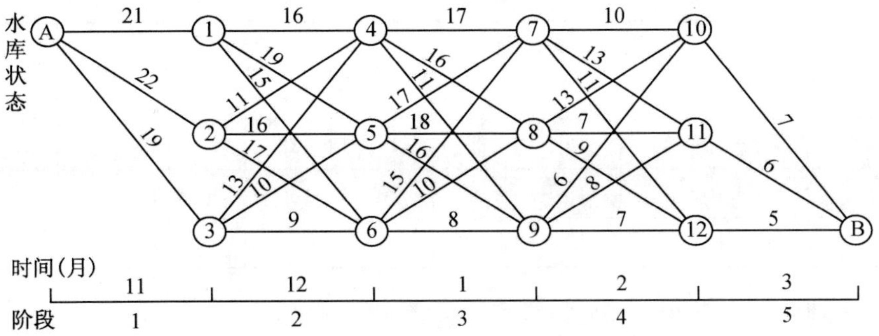

图 4.3-2　水库状态及决策过程示意

表 4.3-1　$n=5$

状态 S \ 决策 D	$f_5^5(S,D)=r_5(S,D)$	$f_5^{5*}(S)$	D^*
	B		
⑩	7	7	B
⑪	6	6	B
⑫	5	5	B

再看倒数第二阶段，即 $n=4$ 的 2 月份。2 月初状态有⑦、⑧、⑨3 种。若从⑦起始，可取经⑩或⑪或⑫到 B 的 3 种决策，故内含有优选问题。其最优效益求解方程为：

$$f_4^{5\,*}(7)=\max\begin{cases}r_4(7,10)+f_5^{5*}(10)\\ r_4(7,11)+f_5^{5*}(11)\\ r_4(7,12)+f_5^{5*}(12)\end{cases} \tag{4.3-16}$$

从状态⑧和⑨起始，同样用上述方法优选，见表 4.3-2。

表 4.3-2　$n=4$

状态 S \ 决策 D	$f_4^5(S,D)=r_4(S,D)+f_5^{5*}(S)$			$f_4^{5\,*}(S)$	D^*
	⑩	⑪	⑫		
⑦	10+7=17	13+6=19	11+5=16	19	⑪
⑧	12+7=19	7+6=13	9+5=14	19	⑩
⑨	6+7=13	8+6=14	7+5=12	14	⑪

再看倒数第三阶段，即 $n=3$ 的 1 月份。若从时段初状态④起，其最优效益求解方程为：

$$f_3^{5\,*}(4)=\max\begin{cases}r_3(4,7)+f_4^{5\,*}(7)\\ r_3(4,8)+f_4^{5\,*}(8)\\ r_3(4,9)+f_4^{5\,*}(9)\end{cases} \tag{4.3-17}$$

初始状态⑤和⑥的分析类同，见表 4.3-3。

表 4.3-3　$n=3$

决策 D / 状态 S	$f_3^5(S,D)=r_3(S,D)+f_4^{5*}(S)$			$f_3^{5*}(S)$	D^*
	⑦	⑧	⑨		
④	17+19=36	16+19=35	14+14=28	36	⑦
⑤	17+19=36	18+19=37	16+14=30	37	⑧
⑥	15+19=34	10+19=29	8+14=22	34	⑦

依此类推到 $n=2$ 和 $n=1$ 阶段，见表 4.3-4 和 4.3-5。

表 4.3-4　$n=2$

决策 D / 状态 S	$f_2^5(S,D)=r_2(S,D)+f_3^{5*}(S)$			$f_2^{5*}(S)$	D^*
	④	⑤	⑥		
①	16+36=52	19+37=56	15+34=49	56	⑤
②	14+36=50	16+37=53	17+34=51	53	⑤
③	13+36=49	10+37=47	9+34=43	49	④

表 4.3-5　$n=1$

决策 D / 状态 S	$f_1^5(S,D)=r_1(S,D)+f_2^{5*}(S)$			$f_1^{5*}(S)$	D^*
	①	②	③		
A	21+56=77	22+53=75	19+49=68	77	①

于是，得到水库的最优调度方案为 A①⑤⑧⑩B，所得总效益最大为 77。动态规划法的求解过程，是把一个具体的问题表述为使过程状态序贯转移，相应效益指标函数的递推方程，通过递推关系求最优解。即利用 i 阶段与 $i+1$ 阶段间的如下关系：

$$
\begin{cases}
f_i^{n*}(S_{i-1}) = \max\limits_{D_i}\left\{r_i(S_{i-1},D_i) + f_{i+1}^{n*}(S_i,D_{i+1})\right\} \\
f_n^{n*}(S_{n-1}) = \max\limits_{D_n}\{r_n(S_{n-1},D_n)\}
\end{cases}
\tag{4.3-18}
$$

式(4.3-18)表示的递推关系，称为动态规划的基本方程。它是根据动态规划的最优化原理推导得来的。

动态规划的最优化原理是：一个过程的最优策略具有这样的性质，即不论其初始状态和初始决策如何，其后的诸决策必须对于初始决策所形成的状态构成一个最优策略。换句话说，就是不管以前的决策如何，面临时刻所采取的决策，一定要使余留期的策略最优。

3. 动态规划的数学模型和解法

用动态规划法求解一个实际问题时，需根据问题的具体情况，写出数学模型。模型有 3 个组成部分：系统的状态转移方程、目标函数和约束条件组。求解时，需将目标函数和约束条件组变换为递推公式，再逐阶段递推求得最优策略。

动态规划法没有固定的标准解法程序。主要是重复使用递推方程，逐段寻优。具体求解时,可分为“逆序法”和“顺序法”。

“逆序法”是从最后一个时段开始,推算到最初时段为止。即阶段行进方向与寻优方向相反,前面的递推采用的就是“逆序法”。“顺序法”是从最初的时段开始,推算到最后时段为止。即阶段行进方向与寻优方向相同。“顺序法”的递推方程可写为:

$$\begin{cases} f_i^{1*}(S_i)=\max\limits_{D_i}\left\{r_i(S_i,D_i)+f_{i-1}^{1*}(S_{i-1},D_{i-1})\right\} \\ f_1^{1*}(S_1)=\max\limits_{D_1}\{r_1(S_1,D_1)\} \end{cases} \tag{4.3-19}$$

由此可知,动态规划法实质上是将一个 n 阶段决策过程的实际问题,化为 n 个形式与性质相同而又互相联系的单阶段决策的子问题。每个子问题又都是求变量极值。于是重复地解 n 个比较简单的求极值问题,逐步保留子问题的最优策略,而求得全周期的最优策略。

4.4 水电站水库优化调度

在河流水资源开发中,多水库的建造与管理已逐渐成为一般的常遇形式。单一水库的调度,实际上只是在开发初期才可能存在的过渡形式。因此从这一点上看其重要性或常遇程度,可以说远不如库群调度。但是从另一方法性的角度看,单库调度的研究仍有其特定的重要意义。这是由于:①单库是库群组成的基本单元,因此单库调度很大程度上是库群调度的基础;②单库调度由于相对较简单,因此容易进行深入的分析和数学处理,例如入流的描述,需水要求的特性及优化调度方法等均较易细致考虑。这样既足以把库群问题中主要属于各库本身的部分划分出来,使库群调度能突出相互关系的研究,同时又能掌握单库调度的理论、方法和研究途径,也有利于进一步探索解决库群问题。因此,下面首先介绍单水库优化调度,然后在此基础上说明库群优化调度。

4.4.1 单水库优化调度目标函数

假设自蓄水期初到供水期末,一个完整的调节期为一年,可将其划分为 T 个时段 $\Delta t_i(i=1,2,\cdots,T)$,其中 T 可以为 12(月)、36(旬)或其他适当的取值,则各时段的预报径流为 Q_i,水库各时段的下泄流量为 q_i。

对于单水库,长期运行最常用的准则是调节期内发电量最多,有目标函数:

$$\max\sum_{i=1}^{T}E_i \tag{4.4-1}$$

式中:E_i 为第 i 个时段的发电量。记 N_i 为第 i 个时段的出力,则 $E_i=N_i\Delta t_i$,若各时段长 Δt_i 相等,则调节期内发电量最大,等价于调节期内出力最大,即

$$\max\sum_{i=1}^{T}E_i\Leftrightarrow\max\sum_{i=1}^{T}N_i\Leftrightarrow\max\sum_{i=1}^{T}k\cdot q_i\cdot\overline{H}_i \tag{4.4-2}$$

式中：K 为出力系数；q_i 为第 i 个时段的发电流量；$\overline{H}_i$ 为第 i 个时段的发电平均水头。在实际工作中可将 K 视为常数。

4.4.2 单库优化调度约束条件

单库优化调度约束条件可分为以下几类：

（1）水库库容（或蓄水位）限制：

$$\underline{V}_i \leqslant V_i \leqslant \overline{V}_i \quad (i = 1, 2, \cdots, T) \tag{4.4-3}$$

式中：$\underline{V}_i$ 和 $\overline{V}_i$ 分别为第 i 个时段末水库允许的最小和最大库容。在汛期 $\overline{V}_i$ 为防洪限制水位相应的库容，非汛期 $\overline{V}_i$ 为正常蓄水位相应的库容，$\underline{V}_i$ 为死水位相应的库容，V_i 为第 i 个时段末水库蓄水位相应的库容。

（2）水电站机组容量限制：

$$\underline{N}_i \leqslant N_i \leqslant \overline{N}_i \quad (i = 1, 2, \cdots, T) \tag{4.4-4}$$

式中：$\underline{N}_i$ 和 $\overline{N}_i$ 分别为第 i 个时段水电站的最小出力和最大出力。可分别取保证出力 $N_{保}$ 与装机容量 $N_{预}$ 为最小和和最大出力限制（并入电网运行的电站亦可根据多年电网分配的值适当选取 $\underline{N}_i$ 和 $\overline{N}_i$）。

（3）下泄流量约束：

$$\underline{q}_i \leqslant q_i \leqslant \overline{q}_i \quad (i = 1, 2, \cdots, T) \tag{4.4-5}$$

式中：$\underline{q}_i$ 和 $\overline{q}_i$ 分别为第 i 个时段水电站的最小和最大下泄流量。可取生态用水、下游灌溉用水或保证船运最小用水为 $\underline{q}_i$，取水轮机最大过水能力（若有下游防洪任务，汛期取下游安全流量）为 $\overline{q}_i$，q_i 为水电站第 i 个时段的下泄流量。

（4）水量平衡方程：

$$V_i = V_{i-1} + (Q_i - q_i)\Delta t_i \quad (i = 1, 2, \cdots, T) \tag{4.4-6}$$

式中：V_{i-1} 和 V_i 分别为第 i 个时段的初、末水库库容，Q_i 第 i 个时段的入库流量，q_i 为第 i 个时段的出库流量。

（5）非负条件约束：

$$q_i \geqslant 0 \tag{4.4-7}$$

基于约束条件，得到单水库的优化调度模型，有

$$\left.\begin{aligned} &\text{obj. } \max\sum_{i=1}^{T} N_i \\ &\text{s. t. } \underline{V}_i \leqslant V_i \leqslant \overline{V}_i \\ &\qquad \underline{N}_i \leqslant N_i \leqslant \overline{N}_i \\ &\qquad \underline{q}_i \leqslant q_i \leqslant \overline{q}_i \\ &\qquad V_i = V_{i-1} + (Q_i - q_i)\Delta t_i \\ &\qquad q_i \geqslant 0 \end{aligned}\right\} \quad (i = 1, 2, \cdots, T) \tag{4.4-8}$$

4.4.3 单库优化调度模型优化求解方法

公式(4.4-9)是一个非线性规划问题,可采用前述的动态规划方法求解。首先把调节期离散为 T 个时段,则水库运行可看成是一多阶段决策问题。由于每一时段末的水库库容是下一时段初的库容,则说明各时段初的库容仅与上一时段末的库容有关,而与其他时段的库容无关,故满足无后效性原则,再者水量平衡方程 $V_i=V_{i-1}+(Q_i-q_i)\Delta t_i$ 反映了相邻两时段间库容的转换关系。各时段系统的效益(出力)也只与该时段的来水量 Q_i,用水量 q_i,及初、末库容有关,与其他时段的量无关,且整个调节期的效益是各时段效益之和,故得到动态规划模型为:

$$\left.\begin{aligned} f_i^*(V_{i-1}) &= \max_{\Omega}\{N_i(V_{i-1},q_i)+f_{i+1}^*(V_i)\} \\ f_{T+1}^*(V_T) &= 0 \end{aligned}\right\} \tag{4.4-9}$$

式中:右端第一项 $N_i(V_{i-1},q_i)$ 为面临第 i 个时段在时段初状态为 V_{i-1} 和该时段决策变量为 q_i 时所得的出力,第二项为余留期最优出力之和,$f_i^*(V_{i-1})$ 为从第 i 个时段初库容 V_{i-1} 出发,到第 T 个时段的最优出力的和。Ω 表示决策变量 q_i 在 V_{i-1} 给定时,且满足约束条件的允许决策集合。

对年调节水库,假设库水位在正常蓄水位和死水位之间连续变化,则可将兴利库容划分为 $m-1$ 个网格,共 m 个点,步长为 ΔV,如图4.4-1所示,动态规划算法包括两部分(以逆推法为例):第一部分是根据最优化原理,由式(4.4-9)自最后阶段向前逐时段求出电站年发电最大的逆时序递推过程,即求最优 $\sum N_i^*$;第二部分为求最优策略 $\{q_i\}$ 及相应各状态 $\{V_i\}$ 的回代过程。

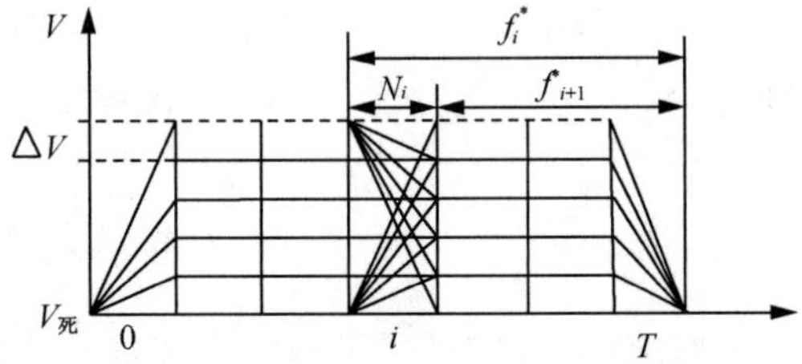

图 4.4-1 年调节水库动态规划网络图

若已知某年调节水库的最小库容(或死库容)$\underline{V}$,最大库容 $\overline{V}$,水位库容曲线 $Z_上-V$,下游水位流量曲线 $Z_下-q$,则求解步骤为:

(1) 将调节期分为 T 个时段(一般 $T=12$ 个月),将蓄水库容 $\overline{V}-\underline{V}$ 离散化为 $m-1$ 个网格,共 m 个点。

(2) 令 $i=T$,年调节水库 $V_T=V_0$,由时段初离散点 l 对应的库容 V_{T-1}^l、时段末库容 V_T 查 $Z_上-V$ 得到平均库水位,通过水量平衡方程求得下泄流量、下游水位,计算得到平均水头和时段出力 N_T。

(3) 应用式(4.4-9)得到 $f_T^*(V_{T-1}^l)$。

(4) 对时段初第 l 个离散点重复步骤(2)并得到 l 对应的最大效益 $f_T^*(V_{T-1}^l)$ 及时段末最优点库容,直到递推结束。

(5) 由初库容 V_0 及其对应的最优时段末库容 $V_l^*(V_0)$ 求得最优时段出力及下泄流量,回代至 $i=T$,运算结束。

4.4.4 库群优化调度

水库电站共同为同一电网担负供电任务构成库群电站，组成库群的各库，其水文径流情况和调节性能不同，因此联合工作时有可能进行各库间的水文补偿和库容补偿调节。在规划设计时这种相互补偿可以显著提高库群总的保证出力。库群建成后在兴利运行中，不但可以提高全库群的水量利用效益，而且还可提高水头利用效益和供电质量，因此库群电站优化调度问题备受重视。

库群电站的最优准则常有如下 3 种：

(1) 库群总电能最多。

(2) 满足负荷要求的情况下库群总耗能(耗水)最少。

(3) 库群总不蓄电能损失最小。

以调节期内的总电能最大作为最优准则进行最优化分析。假设电网中有 2 座梯级电站，如图 4.4-2 所示，并将调节期划分为 T 个相等时段，记作：

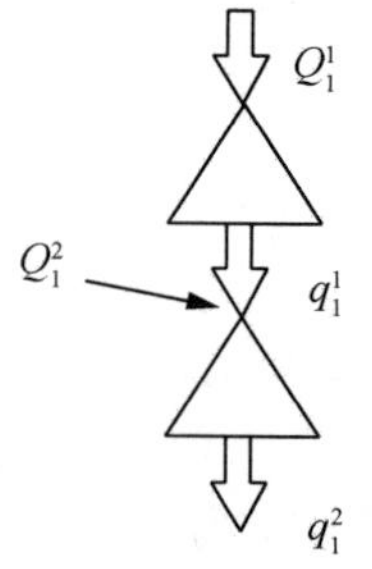

图 4.4-2 串联水库示意图

$$\Delta t_1, \Delta t_2, \cdots, \Delta t_T \tag{4.4-10}$$

水库 1 各时段的入流及水库 2 各时段的区间入流分别记作：$\{Q_1^1, Q_2^1, \cdots, Q_T^1\}$，$\{Q_1^2, Q_2^2, \cdots, Q_T^2\}$。调节期初、末 2 座水库的库容分别记作 $V_0^1, V_T^1, V_0^2, V_T^2$。水库在调节期内的发电量分别为 $\sum N_i^1 \Delta t_i$，$\sum N_i^2 \Delta t_i$，则总电能最大，表示为：

$$\max \sum_{i=1}^{T} (N_i^1 + N_i^2) \Delta t_i \tag{4.4-11}$$

依据前述约束方程，对水库 1 和水库 2 建立约束，得串联水库的求解方程：

$$\left.\begin{aligned}
&\text{obj.} \ \max \sum_{i=1}^{T} (N_i^1 + N_i^2) \Delta t_i \\
&\text{s.t.} \ \underline{V}_i^j \leqslant V_i^j \leqslant \overline{V}_i^j \\
&\qquad \underline{N}_i^j \leqslant N_i^j \leqslant \overline{N}_i^j \\
&\qquad \underline{q}_i^j \leqslant q_i^j \leqslant \overline{q}_i^j \\
&\qquad V_i^1 = V_{i-1}^1 + (Q_i^1 - q_i^1) \Delta t_i \\
&\qquad V_i^2 = V_{i-1}^2 + (Q_i^2 + q_i^1 - q_i^2) \Delta t_i \\
&\qquad q_i^j \geqslant 0
\end{aligned}\right\} \quad (j = 1,2; i = 1,2,\cdots,T) \tag{4.4-12}$$

对于并联水库，将 $V_i^2 = V_{i-1}^2 + (Q_i^2 + q_i^1 - q_i^2) \Delta t_i$ 改为 $V_i^2 = V_{i-1}^2 + (Q_i^2 - q_i^2) \Delta t_i$，其他方程不变。对于库群优化调度的求解也可采用前述单水库优化调度动态规划法等方法求解，此处不再赘述。

4.5 防洪水库优化调度

以水库滞蓄来解决流域或河段的防洪问题，是研究防洪措施规划和防洪调度的一种有效形式。用传统的水库防洪常规方法来设计防洪水库的参数，或研究防洪水库的合理操作，在生产上已有不少好的经验，特别是单一水库。而对复杂的防洪问题，由于传统方法主要通过罗列若干方案来进行比较，总带有一定的经验性和局限性，对约束条件的考虑也比较费事，因此利用近代优化技术来研究单库或库群的防洪问题，也像对兴利库群一样，能更有效地提高规划和管理质量（水平），更好完成防洪任务，现实意义很大，发展前景广阔。

水库设计运行中防洪任务的提法有 3 种。一是减轻水库防洪保护区的洪涝灾害；二是防止库区城镇农田的洪淹损失；三是保证大坝一定频率洪水的安全宣泄。第 1、2 两种只在水库上下游存在防护对象时才需要考虑；而第 3 种大坝的安全泄洪则是对一切水库都是必须考虑的。

对于水库上下游的防洪，由于各防洪保护地区在地势、高程分布和社会、经济地位方面存在不同，因此对防洪有不同的要求。如防洪安全标准不同等，这种情况下常称为有多级防洪要求。

防洪调度常规方法简单直观，计算结果一般能满足调度原则，但它不能灵活而有效地处理各种限制条件及适应水情与工程情况的变化。为了改进水资源防洪系统的调度，采用优化方法，对已建成的水库进行防洪优化调度，其基本内容是根据水库的防洪任务和具体条件，运用优化技术来制定最佳调度方案。

4.5.1 水库防洪优化准则

在设计防洪水库的主要参数（如防洪库容、溢洪道大小等）或研究已建水库的防洪操作时，为了达到最优的防洪效益，首先需要研究最优准则的问题。防洪的最优准则，是指按什么指标来衡量水库防洪操作的优劣程度。实用的最优准则可分为 4 种。

（1）最大削峰准则，即以水库的下泄洪峰流量 q_m 最小为判别标准的准则。多用于水库（群）与堤防构成的防洪系统。一般在防洪库容有限或已定情况，常采用此准则。

（2）制定大洪水调度方案的洪水成灾历时 T_m 最短或分洪量 W_F 最小的准则。前者常用于由水库、堤防与行洪区（或分洪道）构成的防洪系统，后者常用于由水库、堤防与临时分洪区构成的防洪系统。

以上两个准则的采用，主要是因洪灾损失的定量化。

（3）对库群防洪（和多级调节）有最大防洪安全保证准则。即在满足下游基本防洪要求情况下，使每时段加权总余留防洪库容最大，如 n 为水库编号，i 为时段序号，α 为权重，则优化准则为：$\max\sum_{i}^{n}\alpha_i V_{防i-1}$ 。

（4）最小洪灾损失或最小防洪费用准则。后者主要用于防洪水库的规划和综合利用水库的防洪调度。此准则又可分为下列两种：①满足同一防洪要求下，使防洪总费用最小；②用效益-费用分析，或求某经济指标如平均计算支出最小等。

此外，亦有建议用减少下游成灾洪水频率作为指标，或者用洪灾损失（用货币或实物表示）的期望值最优作为准则。

4.5.2 单水库防洪优化调度

对于单水库防洪优化调度，反应上述目标函数的准则有以下形式。

（1）最大削峰准则：

$$\min\{q_m\}\Rightarrow\min\sum_{i=1}^{T}\left[q_i+Q_i^q\right]^2\Delta t_i \tag{4.5-1}$$

式中：q_m 为最大下泄流量；q_i 为 i 时段的下泄流量；Q_i^q 为区间洪水流量；i 为时段序号；T 为成灾时期的时段数；Δt_i 为时段内的时长。

（2）最短成灾历时准则：

$$\min\{T_m\}\Rightarrow\min\sum_{i=1}^{T}\left[q_i+Q_i^q-q_{安}\right]^2\Delta t_i \tag{4.5-2}$$

式中：$q_{安}$ 为现有控制点安全泄量；其他符号意义同前。注意，这里 T 为成灾历时内划分的时间段数。

（3）分洪量最小准则：

$$\min\{W_F\}\Rightarrow\min\sum_{i=1}^{T}\sum_{m=1}^{M}\frac{(W_i^m+W_{i+1}^m)}{2}\Delta t_i \tag{4.5-3}$$

式中：m 为分洪区序号；M 为分洪区总数；W_i^m、W_{i+1}^m 分别代表时段 i 始末进入分洪区的分洪量；T 为一场洪水历时的总时段数。

水库的各个组成部分并非各自独立，水库泄洪与河道行洪既有其物理的连续关系，也有区间水文条件的相互关系。这些联系形成了系统最优运行的种种约束。各个系统的约束集不相同，概括而言，有以下几种：

（1）防洪库容约束：

$$\sum_{i=1}^{T}(Q_i-q_i)\Delta t\leqslant V_{防} \tag{4.5-4}$$

（2）水库泄洪能力约束：

$$q_i\leqslant q(Z_i,B_i) \tag{4.5-5}$$

（3）下游防洪安全约束：

$$无预泄时,\min(q_{安},q_{汛期})\leqslant q_i+Q_i^q,\ 且\ q_i\leqslant Q^i \tag{4.5-6}$$

$$有预泄时,\min(q_{安},q_{汛期})\leqslant q_i+Q_i^q \tag{4.5-7}$$

（4）水量平衡约束：

$$V_i=V_{i-1}+(Q_i-q_i)\Delta t_i \tag{4.5-8}$$

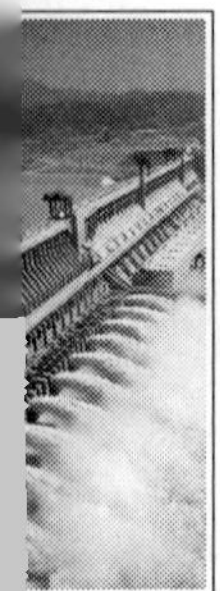

(5) 非负条件约束：

$$q_i \geqslant 0 \tag{4.5-9}$$

以上各公式中 Q_i 为第 i 时段的入库流量，其他符号意义同前。

当水库远离防护区及有区间入流或者分流点时，上游河道洪流演进约束、汇合口或分流口的水利连续性约束等，这些约束条件可写成等式或者不等式加以描述。在建立上述模型以后，如果模型为线性，就可用线性规划方法求解出最优的水库调度决策。如果模型不能化为线性，则除了可用非线性规划的方法外，更常用的是按照动态规划的模式来求解，而当模型特别复杂时（这主要是在多库多防洪点情况时），也可考虑用其他非线性模型来求解。

4.5.3 库群系统防洪优化调度

库群防洪优化调度的目标函数按照不同的准则有以下形式。

(1) 最大削峰准则，对由 N 个并联水库、$N+1$ 个防洪点组成的库区系统，有

$$\min\{q_m\} \Rightarrow \min \sum_{i=1}^{T} \left[\sum_{j=1}^{N} q_{i,j}^2 + \left(\sum_{j=1}^{N} q_{i,j} \right)^2 \right] \Delta t_i \tag{4.5-10}$$

对由 N 个串联水库、N 个防洪点构成的库群系统，有

$$\min\{q_m\} \Rightarrow \min \sum_{i=1}^{T} \left[\sum_{j=1}^{N} q_{i,j}^2 \right] \Delta t_i \tag{4.5-11}$$

当实际系统中某个水库下游无防洪要求时，可去掉式中相应的项。

(2) 最大防洪安全保证准则

当库群由 N 个（串联、并联）水库构成时，有

$$\max\left\{ \sum_{j=1}^{N} \alpha_j \hat{V}_{i+1}^j \right\} = \max\left\{ \sum_{j=1}^{N} \alpha_j \left[\hat{V}_i^j + (Q_i^j - q_i^j) \Delta t_i \right\} \tag{4.5-12}$$

式中：$\hat{V}_i^j$ 为水库 j 在第 i 时段初的余留库容，即水库 j 的防洪库容（最大库容）和时段初的库容差值；α_j 为水库 j 的防洪权重系数；Q_i^j、q_i^j 分别为水库 j 在第 i 时段的入库流量和下泄流量；Δt_i 为时段长。

库群防洪系统各水库的约束条件与单库基本一致，只是对现有水库而言，水量平衡约束 $V_i = V_{i-1} + (Q_i - q_i)\Delta t_i$ 要改为 $V_i^j = V_{i-1}{}^j + (Q_i^j + q_i^{j-1} - q_i^j)\Delta t_i$。上述数学模型为线性模型，可用线性规划方法求解出最优防洪调度策略；如果模型不能化为线性，可用非线性规划方法求解。由于防洪系统的一场洪水调度是一个多阶段决策问题，动态规划法更为常用。当模型非常复杂，可考虑用大系统分解或者神经网络、蚁群算法等进行优化求解。

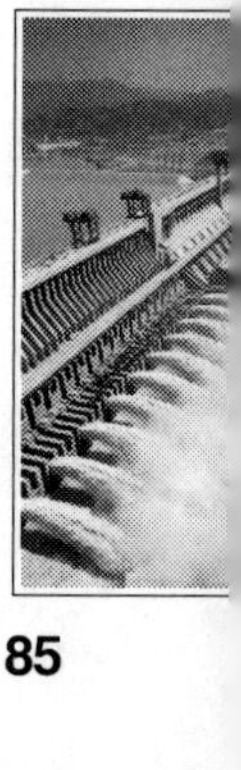

第 5 章

水库调度规程编制

5.1　水库调度规程总体要求

水库调度直接关系到工程安全和水库综合效益的发挥，对人民生命财产和国民经济有重大影响。要搞好水库调度，保证运行调度方案和计划的实施，必须按照国家的有关方针政策，如《中国人民共和国水法》《中华人民共和国防洪法》《水库大坝安全管理条例》《水库调度规程编制导则(试行)》等有关法规，结合每个水库的实际情况，制定出科学合理的调度规程和严格的工作制度，经上级主管部门或机构审批后执行。

水库调度规程编制以规划设计确定的调度运用任务、参数、指标为依据，考虑社会经济发展和公共安全对水库调度的新要求，以有利于上、下游经济社会可持续发展和地区间的协调发展为原则。水库调度规程确定的调度目标、调度原则、调度方式等应当依据明确、需求合理、论证充分、审批确认。

水库调度规程是指导水库调度运用的依据文件，其基本内容包括：根据水库水文水资源与工程条件，分析水库洪水、泥沙、凌汛等特性，防范地震、水污染等突发事件，承担环境与生态调度义务，确定水库调度任务与目标，拟定水库调度原则与方式，分析总结水库调度经验。

水库调度规程主要内容包括：水利枢纽工程概况，如工程组成及主要设备、工程特征值、所承担的防洪发电及其他综合利用任务和相应的设计标准及设计指标，水库运行调度所必需的其他基本资料和依据等；水库运行调度的基本原则(包括有关工程特征值、指标的复核计算及相应的调度方法、调度函数或调度图表及调度规则的选定)的一般要求和规定；有关年度计算编制与实施的一般意见和可能采取的措施；有关水库工程观测，水文、水情测报及水文气象预报的要求、规定；水库调度通信保障及水库调度工作制度等。水库调度规程是水库运行调度原则的具体体现，是编制和实施水库运行调度方案和计划的具体要求与规定，是水库技术管理和法制管理的基本依据。

5.1.1　水库调度规程编制导则的背景

近 15 年来，中国年均洪涝灾害损失约占同期全国 GDP 的 1%，发生流域性大洪水的年代，洪涝灾害损失占同期全国 GDP 的比例高达 2%～3%；我国大江大河综合防洪体系还比较薄弱，尤其蓄滞洪区建设严重滞后，多数大江大河的重要支流和中小河流尚未进行系统治理，主要易涝地区排涝能力严重不足，对山洪灾害缺乏有效的监测和防御措施；汛期山区中小河流、沿海风暴潮地区人员伤亡多，江河中下游尤其是蓄滞洪区和低洼涝区财产损失重。

2009 年秋季到 2010 年春季，我国西南 5 省遭遇特大旱灾，6 000 多万人受灾，2000 多万人面临饮水困难。2011 年 1—5 月，长江中下游地区普遍遭遇罕见的春夏连旱，3 000 多万人受灾，400 多万人面临饮水困难，受 50 年一遇的干旱影响，我国几大淡水湖（如鄱阳湖、洞庭湖、洪湖等）水位创历史新低，甚至告急。

作为应对自然灾害的重要手段，水利设施的建设状况直接影响到防灾减灾的效果。然而由于种种原因，水利设施作为重要的基础设施，它的建设却远远滞后于国民经济和社会发展的水平。2011 年 1 月 29 日，《中共中央国务院关于加快水利改革发展的决定》的中央一号文件正式公布，这是新中国成立以来中共中央首次系统部署水利工作的决定。加强水库运行管理，搞好水库运行调度，是对水资源进行合理配置的重要手段之一。开展水库科学管理、合理调度可以实现"一库多用，一水多用"，更好地满足各部门对水库和水资源的综合利用要求。

水库调度运用水库的调蓄能力，按来水蓄水实况和水文预报，有计划地对入库径流进行蓄泄。在保证工程安全的前提下，根据水库承担任务的主次，按照综合利用水资源的原则进行调度，以达到防洪、兴利的目的，最大限度地满足国民经济各部门的需要。

水库调度与管理的基本任务是在确保水电站或水库水工建筑物安全的前提下，按设计确定的任务、调度原则，合理安排水库的蓄、泄、供水方式，充分发挥水库防洪、发电、灌溉、供水、航运等综合利用的效益，发挥水电厂在电力系统中的调频、调峰和事故备用作用，合理调度水库，提高水库经济运行水平。

为了实现水库合理的或最优的运行调度，首先必须编制好相应的运行调度方案和运行调度计划。水库运行调度方案是在将来若干年内对水电站经济运行及其水库最优调度起指导作用的总策略和总计划；而运行调度计划则是运行调度方案在每一面临年份的具体策略或具体实施安排。

制定水库调度规程编制导则是规范行为的需要。为了实现水库合理的或最优的运行调度，首先必须编制好相应的运行调度方案和运行调度计划。

制定水库调度规程编制导则是科学调度的需要。为充分利用水能资源和水资源，保证供水期供电和供水，汛末应抓紧有利时机，特别要善于抓住最后一次洪水的控制调度，尽量使水库多蓄水。当进行预报调度时，要随时掌握预报来水、水库蓄水、电力系统用水和各部门用水的具体情况，加强计划发电和供水，这就需要运行合适的调度计划实现科学调度。

制定水库调度规程编制导则是制度建设的需要。当水电站及其水库的工程特征值和设计指标不符合实际情况时，上级主管机关应组织水库管理单位、设计部门及其他有关单位，复核修改、编制相应的水库运行调度方案。各项技术管理工作要在管理单位技术行政负责人的统一领导下，各级分工负责。

制定水库调度规程编制导则是现代化管理的需要。应逐步建立水库调度决策支持系统为水库调度提供决策支持。主要功能包括调度参数设置、防洪形势分析、调度方案制定、调度方案改进、方案评估与选择、灾情分析、调度预案查询等。

5.1.2 水库调度规程编制导则的主要特点

1. 确定水库调度总体目标

（1）根据水库上下游防洪和防凌要求，科学调控洪水，保障大坝和下游防护对象的安全。

（2）在确保大坝安全的前提下，尽可能多拦蓄洪水，保证城镇生活和工农业生产需水，增加发电量，并保障航运、减淤、环境和生态等用水需求，充分发挥水库的综合效益。

（3）应考虑区域经济社会发展对水资源需求趋势，及时调整水库的调度目标，缓解水资源供需矛盾。

2. 防洪与防凌调度要求

（1）针对水库上下游防洪要求，对入库洪水进行调蓄，以保障大坝和下游防护对象的防洪安全。

（2）根据水库所在河流凌汛期气象、来水情况及冰情特点，合理拟定水库防凌调度运用方式，避免或减轻下游的凌汛灾害。

（3）制定水库遭遇超标准洪水时的应急措施，保证大坝安全并减轻下游洪水灾害。

3. 兴利调度要求

（1）根据水库来水特征和用水对象的需水要求，充分发挥水库的调蓄能力，合理调配水量，以满足供水和灌溉任务要求。

（2）结合水库调节性能和电力系统的需求，制定水库发电调度原则和方式，增加发电效益。

（3）对多泥沙河流水库，根据水沙分布特性、水库调节性能和上下游环境与河势控制要求，合理制定调水调沙相结合的调度运用方式。

（4）以保障水库库区及下游河道内航运设施安全和正常运用为目标，合理制定水库航运调度方式。

（5）为维护水库下游河道、湿地以及河口环境和生态系统的基本需求，将水库调度的综合利用效益与改善生态环境的目标适当结合，保障区域环境目标时服从上级主管部门制定的调度要求。

（6）对于具有多项兴利调度任务要求的水库，应依据各项任务的主次关系及特点，在综合分析各种约束，协调各任务之间关系的基础上，制定科学合理的调度方式。

4. 应急调度要求

应制定遭遇超标准洪水、地震、突发水库大坝工程事故以及水库库区及下游河道突发水污染事件时的水库应急调度响应机制及应对措施。

5.1.3 水库调度规程编制目的和适用范围

1. 编制目的

为保障水库大坝安全，促进水库效益发挥，指导水库进行科学调度，规范水库调度规程编制原则、基本内容和技术要求，依据有关法律法规，结合水库调度实践，编制水库调度规程编制导则。

2. 适用范围

导则适用于竣工验收后投入运行的大、中型水库和坝高超过 15 m 的小型水库调度规程的编制，其他水库参照执行。

5.2 水库调度条件和基本资料

5.2.1 流域特性资料

流域特性资料主要是指流域内的自然地理特点和流域所处气候带特性。具体包括流域的面积、形状，河道比降和长度，流域的地形、地质、覆盖、植被情况和产流特点，降水量、蒸发量、气温、湿度、风力、日照数、水位、流速、流量、含沙量，以及库区渗漏量等情况。

1. 流域

把地下水和地面水汇入河流和补给河床的区域，即河流的地面集水区和地下集水区统称为流域。流域里大大小小的水流构成的脉络相通的系统称为河网，又称水系。

2. 流域的长度和宽度

流域的长度是针对流域的轴长而言，通常可以按从河口到河源处的直线长度来计算。对形状弯曲的流域，可以河口为中心做同心圆，同心圆与流域分水线相交形成许多圆弧割线，各割线中点连线的长度即为流域长度。

流域的平均宽度是流域面积除以流域长度。

3. 流域的地理位置

流域的地理位置是以其所处的地理坐标，即经度和纬度来说明的。在标出流域的地理位置时，必须说明它离开海洋的距离，因为这与内陆水循环的强弱有关。

4. 流域的地形特征

地形特征包括流域的平均高度、高度变化、流域平均坡度。

5. 流域的土壤岩石性质和地质构造

土壤的性质（如土壤的结构情况）、岩石水理性质（如水容量、给水度和透水性）、流域的地质构造（如地层褶皱、断层）等，这些都与河流的地下水补给量及下渗损失、流域冲刷情况有关，因而影响径流及泥沙的情势。

6. 流域的高度变化

流域的高度变化可用高度分布曲线图表示：纵坐标是高度，横坐标是流域内各该高度以上的面积占总流域面积的百分比。流域地形是决定河流水量、水情特征及其他水文情势的因素之一，它通过影响流域的气象条件（如降水量、降水特性及分布、气温）、洪水的水力特性和流域侵蚀过程等而作用。

7. 气象因素

气象因素是影响径流的主要因素，降水是径流的来源，蒸发是降雨产流的损失量。气温、湿度、风等都对径流量有一定影响。

8. 降水影响

降水包括雨、雪、冰雹等形式，它们是产生径流的来源。以降雨为例，分析径流与降雨的关系，一次洪水的径流总量以及径流过程的分配直接受降雨情况的制约，降雨情况包括降雨总量、降雨历时、空间上的分布和随时间的变化过程等。一次特定的降雨过程会引起相应的径流过程，其径流量的大小不仅与本次降雨情况有关，而且还与前期降雨情况有联系。在一定时间间隔内的前期降雨量大，土壤的湿润程度大，则本次降雨的产流量就多；反之，则产流量少。对于洪峰流量，一次暴雨的运行途径对其也有一定的影响，暴雨强度最大的地点称为暴雨中心，如果暴雨中心先在下游地区，然后移向上游，由于距离出口断面的远近不同，最初暴雨中心降雨产生的水流先通过出口断面，不会与后来暴雨中心（上游）降雨产生的水流相遇，这样，使出流量水量在时间上较均匀地分布，不易形成特大洪峰；反之，如果暴雨中心移动的途径是从上游移向下游，则有利于形成特大洪峰，容易造成洪水灾害。

9. 蒸发影响

降雨扣除损失之后称为净雨（或有效降雨），净雨量等于径流总量。蒸发量是损失水量，对于长时间的径流量而言，蒸发量几乎是唯一的损失，因为其他各项损失量最后都要以蒸发形式消耗掉，离开我们所研究的区域。蒸发现象在流域上普遍存在，无时无刻不在进行，其瞬时蒸发强度似乎微不足道，但是，长时间的蒸发量却是一个巨大的不可忽视的数值。从多年平均情况来看，我国湿润地区年降水量的30%～50%，干旱地区的80%～90%都消耗在蒸发上，其余部分才是径流量。

10. 降水量过程线

降水量过程线在以时段降水量为纵轴、时段次序为横轴的坐标系中绘制而成。它显示降水量随时间变化的过程，如根据每日的降水量可绘制日降水量过程线，根据每月的降水量可以绘制每月的降水量过程线等等。不过一年内不是每天都有降水，因此日降水量过程线呈断断续续的态势，与逐时或任何较短的时段一样。

11. 流域平均降水量

由雨量站所观测到的降水量只代表流域中某一点或较小范围的降水情况，称为点降水量。在研究水文现象时，需要知道整个流域某一地区的降水量。在推求流域平均降水量时，首先要收集本流域及邻近流域各站的降水资料，认真分析各站的代表性及资料的可靠性。流域平均降水量的计算方法，常用的有算术平均法、泰森多边形法及雨量线法3种。

12. 土壤含水率

土壤含水率不仅受土壤特性的制约，而且受降雨、下渗、蒸发和其他水分运动的影响。所以，土壤含水量随时间和空间不断发生变化。为了描述土壤水分的动态变化，采用土壤含水率这个术语。同一土壤中，水分的重量占干土重量的百分比称为土壤的重量含水率。单位容积的土壤中，水分含量的百分比称为土壤的容积含水率。土壤中所有孔隙全部被水充满时的土壤含水率称为饱和含水量。

5.2.2 水库特性资料

1. 水库的面积特性

水库的面积特性是以水库水面面积与水库水位关系曲线 $A=f(Z_{上})$ 表示的。

水库的水面面积随水库的水位而变化，不同水位的水面面积，可以在库区地形图上沿不同的水位高程，用求积仪求出各高程等高线和坝轴线所包括的相应面积。在水能调节计算中，水库面积特性主要用于计算水库容积。

2. 水库的容积特性

水库的容积(也称库容)特性主要由水库的面积特性曲线推算而来。水库的容积特性曲线用于水库水位与蓄水量的互相推算及计算水库渗漏损失等。

水库的面积特性与容积特性,是在假定水库水面是水平的情况下绘制的,这种假定只有当水库内水流流速很小时才能成立,这样的特性曲线称静水特性曲线。当水库水流较大时,在水库的末端产生回水,使水库水面形成壅水曲线,而不呈水平面,考虑回水影响的水库特性曲线称为动水特性曲线。水库在洪水时实际水面线与坝前水位水平面之间所包含的容积,亦称楔形库容。

3. 水库的特征水位与相应库容

死水位是在正常运用条件下,允许消落的最低水位。死水位的确定,应以保证出力和年发电量最大为原则,同时也应考虑上游航运水深及水库淤积等要求。死水位以下的库容称为死库容,死库容不直接起调节径流的作用,它用于养殖、航运、取水、淤积等方面的需要,它所容蓄的水量不能动用。若运用死库容水量,将会使水电等综合经济效益受到严重影响,如水电厂水头降低,机组出力减少,库区航道缩短等。

正常蓄水位是指水库正常运行的情况下,为满足设计的兴利要求,水库应蓄到的最高水位。正常蓄水位与死水位之间的水库容量称兴利库容或有效库容。正常蓄水位与死水位之间的深度为水库的消落深度,一般来说,只有兴利库容才能起兴利调节径流作用,因此在蓄水期末,应力求将兴利库容蓄满,以满足枯水期供水。

对某一设计频率的洪水进行调节时的最高水位,称设计洪水位。水库有防洪任务时,需考虑调节洪水的库容。调洪库容在临近汛期时应腾空,以随时拦蓄洪水。在汛前腾空库容的最低水位称为防洪限制水位,它是水库进行调节的起调水位。

防洪限制水位的确定与洪水特性及水库特性有关,根据洪水特性及防洪要求,一般在汛期只有一个防洪限制水位。如当洪水具有明显分期特性时,在汛期可以有分期防洪限制水位,以充分利用库容。防洪限制水位与设计洪水位之间的水库容积称为防洪库容。

校核洪水位是对某一校核频率的洪水进行调节时的最高水位。校核洪水位与防洪限制水位之间的水库容积称为调洪库容。

5.2.3 水工建筑物及金属结构安全运行条件

修建水工建筑物的目的是为了获取工程效益,而效益的充分发挥必须通过科学的运行管理才能实现。水工建筑物的运行管理是水工建筑物在运行过程中各项管理活动的总称。实践证明,一座水利工程即使建设比较完善,如果放松运行管理,也将招致工程失修、效益萎缩,甚至可能造成失事,使人民生命财产遭受损失。反之,一个建设上即使有小缺陷的工程,如果在运行中精心管理,对缺陷及时予以加固补强,功能逐步完善,仍然可以保证安全运行,发挥工程效益。因此,抓好管好水工建筑物的安全运行工作,是保证建筑物充分发挥效益的关键。

1. 组织管理

工程的安全运行,必须依靠完善的管理机构来执行。组织管理是建立和健全运行管理机构,确立正确的管理体制,制订完善的规章制度,协调管理机构内部和与社会有关部门的关系，运用法律法规保证运行管理的正常秩序、维护管理单位的正当权益。

水库的安全运行工作要靠完善的组织机构、法律、法规、规章制度来保证，因此必须加强组织管理。组织管理主要包括管理体制、管理机构、法律法规和制度等内容。

2. 安全管理

为加强大坝等水工建筑物的安全管理，1998 年水利部根据国务院颁布的《水库大坝安全管理条例》的规定，制定了《水库大坝安全鉴定办法》和《水库大坝注册登记办法》，明确规定所有水库必须做好注册登记和安全鉴定工作。

注册登记工作的主要内容：

(1) 基本情况：大坝所在的地点和河流、集水面积，管理单位、主管部门、竣工日期、总投资等。

(2) 水库特征：包括特征水位、总库容、兴利和调洪库容等。

(3) 洪水标准：按重现期填写设计、校核、实际的洪水标准。

(4) 工程特征：包括大坝、放水洞、溢洪道三大件的型式、基本尺寸和最大流量。

(5) 工程效益：包括灌溉面积或供水量。

(6) 管理情况：包括职工人数、固定资产、年管理费用和年收入情况。

(7) 下游影响：包括水库距离铁路、公路、村庄的公里数，影响人口数量和耕地面积。

(8) 安全状况：包括水库实际达到的洪水标准、当前存在的主要问题和安全鉴定的主要结论。

安全鉴定工作是为了加强大坝的安全管理，完善大坝安全鉴定制度，保证大坝的安全运行。水利部制订的《水库大坝安全鉴定办法》，对大坝的安全鉴定实行分级、分部门负责的制度。大型水库大坝及影响县城安全或坝高 70 m 以上的中小型水库大坝，由省、自治区、直辖市水行政主管部门组织鉴定；中型水库大坝和影响县城安全或坝高 50 m 以上的小型水库大坝，由市(地)或水行政主管部门组织鉴定；坝高 15 m 以上或库容 100 万 m^3 以上的小型水库大坝，由县或县以上水行政主管部门组织鉴定。水利部直辖的水库大坝由水利部或流域机构组织鉴定。

3. 工程管理

工程管理是安全运行的重要组成部分，主要包括对水库工程的检查、观测和养护修理。通过工程管理工作，随时监视掌握水情、雨情、水质和工程的状态变化、工作情况和变化规律，及时发现工程的不正常迹象，分析其原因，并采取措施进行处理，防患于未然，把事故消灭在萌芽状态，确保工作安全，保持工程处于良好的运行状态。

4. 调度运用

调度运用是安全运行的核心工作，技术性较强。具体又可分为防洪调度和兴利调度两个方面。在确保工程安全的前提下，科学地进行蓄水、泄水和用水调度，合理处理防洪与兴利、上下游、各用水单位之间的关系，最大限度地利用水资源，使其充分发挥综合效益，达到兴利除害的目的。

5. 防汛抢险

水库工程的防汛抢险是关系到工程安危的重要工作。水库修建时，设计的水库必然具有一定标准的抗洪能力，但设计所依据的水文系列一般不可能太长，随着人类活动的增加，水库运用期间出现的水文现象往往不能完全与设计吻合，也很有可能遭遇超标准的暴雨洪水，此外水库运行期间其功能也在不断变化。为此，在运行管理过程中，特别是洪水期间，必须在思想上和物质上做好防汛抢险的充分准备，根据“以防为主，防重于抢”的方针，认真做好水库的防汛抢险工作，一旦发生险情要全力抢护，在任何情况下都必须确保水库的安全。

6. 供水管理

供水是实现工程效益的主要途径之一，保证供水是水库管理单位的一项重要任务。根据社会各部门对水的需求，利用工程设施对水库的水进行控制和调节。供水可分为发电供水、农业供水、工业用水、城镇居民生活供水以及生态供水等。运行管理中要保证供水系统的正常运行、制定供水计划、合理调配水量，尽量满足不同用户对供水的要求，减少供水损失，保证供水安全，防止水污染，做到安全、可靠、及时地向各用水部门供水，并运用经济手段收好水费，促进节约用水，实现水库管理单位的经营目标，也为供水的再生产创造条件。

7. 主要法规及规章

水利工程安全运行是一项社会性、群众性很强的工作，它与各行业、各部门之间存在着很多利害关系。为使水库运行管理工作规范化，并依法保护自身的权益，必须实行法制管理。实行法制管理首先要进行立法，制定水利法规和各项规章制度。同时还要加强法制教育，强化法制管理，使管理人员有法可循，人民群众知法守法。

水法规是以开发利用、保护水资源和防治水害过程中产生的社会关系为调整对象的法律、规范的总和，包括国家和地方所颁布的法律、法规。国家颁布的主要水法规有《中华人民共和国水法》《中华人民共和国环境保护法》《中华人民共和国水污染防治法》《关于保护水库安全和水产资源的通令》《水利水电工程管理条件》等。

5.3 水库调度规程编制方法

5.3.1 水库防洪与防凌调度

1. 防洪调度

水库防洪调度的目的是：运用水库的调蓄能力，按来水蓄水实况和水文预报，有计划地对入库径流进行蓄泄。在保证工程安全的前提下，根据水库承担任务的主次，按照综合利用水资源的原则进行调度，以达到防洪、兴利的目的，最大限度地满足国民经济各部门的需要。

(1) 防洪调度任务

根据水库安全标准和下游防护对象的防洪标准，确定水库防洪调度任务，保障大坝和下游的安全。

防洪调度运用中在科学论证、技术保障条件下可多拦蓄洪水，以发挥水库调蓄洪水资源的综合利用效益。

遭遇超标准洪水时，应力求保证大坝安全并尽量减轻下游的洪水灾害。

(2) 防洪调度原则

水库防洪调度应遵循经主管部门批准的所在流域或区域防洪规划要求，了解水库在流域或区域防洪工程体系联合防洪调度运用中的作用，并服从防洪工程体系联合调度的要求。

水库防洪调度应在确保大坝安全的前提下，兼顾防洪与兴利两方面的要求，合理确定防洪运用方式。

应重视防洪非工程措施，在总结水库历年防洪调度经验的基础上，充分利用水雨情监测与预报预警系统，对洪水进行科学调度和主动调度。

水库防洪调度方式应简明易行、安全可靠，并具有明确的判别条件和可操作性。

水库防洪调度方案应对各种可能的影响因素有足够的估计，并合理制定应急弥补措施，以保障大坝及防护对象的安全。

（3）防洪调度方式

根据水库工程建筑物现状、安全鉴定成果和实际调度运行情况，核定水库的防洪控制指标，包括水库防洪运用标准和各级防洪特征水位（允许最高水位、设计洪水位、校核洪水位、防洪高水位、防洪限制水位等）。

根据流域洪水特性、水库防洪运用标准、水库下游防洪保护对象的防洪要求、上游洪水与下游区间洪水的遭遇组合特性、水库工程防洪运用条件情况，结合水库其他综合利用要求，合理选择水库适宜的防洪调度方式及判别条件。

水库防洪调度方式的确定应以避免给下游产生人为洪涝灾害为基本原则。

编制经主管部门审查批准的水库防洪调度运用计划，绘制不同频率洪水水库调度运用图表，作为防洪调度运用的依据。

明确实施水库防洪调度方案的组织措施和调度权限。

（4）洪水预报调度

对于具备水雨情自动测报、洪水预报预警系统条件，拦洪、泄洪建筑物完善的大、中型水库，可依据经主管部门审定的洪水预报方案进行水库洪水预报调度。

应详细分析入库洪水预报成果的可利用性，评价水库实时雨水情自动测报、洪水预报系统运行的稳定性和可靠性，为水库实施洪水预报调度提供基础。

水库洪水预报调度形式可视水库上下游的具体情况和防洪需要采用预泄调度、补偿调节、错锋调度等方式。

制定水库洪水预报调度方案，要考虑基本资料、水情预报、调度决策等可能存在的误差或失误，要留有余地，并研究提出相应的应急措施，以规避和减少防护对象的洪灾损失。

（5）分期洪水调度

当水库控制流域的暴雨洪水在汛期内具有明显季节性变化规律时，可在保证水库防洪安全和满足下游防洪要求的前提下，实行分期防洪调度，以提高水库供水、发电等综合效益。

分析水库控制流域暴雨洪水的季节性变化规律，应采用统计途径分析流域暴雨和洪水的特性，同时结合流域暴雨形成的大气环流系统背景和气候特征的分析，查证分期的可能性，综合论证确定汛期分期方案。汛期分期时，应研究分期之间的过渡情况，视情况设立过渡段。

针对各分期洪水的具体情况，按照现行设计洪水计算规范进行分期设计洪水计算，按照不降低水库大坝安全标准、下游的防洪标准的原则，分别选择合适的防洪调度方式，确定汛期不同分期的防洪库容及防洪限制水位。

编制经主管部门审查批准的水库分期防洪调度运用计划，明确实施调度方案的组织措施和调度权限。

（6）汛限水位动态控制运用

采用汛限水位动态控制运用的水库应为安全鉴定为一类坝的大型水库，具备完善且运行稳定的水雨情测报、洪水预报调度等系统，并有稳定且预报精度较高的洪水预报方案。具有相应条件的中型水库采用汛限水位动态控制运用应当慎重。

水库汛限水位动态控制范围应结合洪水预报调度、预泄能力和上下游防洪库容等合理确定。

汛限水位动态控制方案和调度方式（如预报调度、错峰调度等）应根据工程现状、洪水特征、降雨和洪水预报水平，分析所产生的效益和面临的防洪风险，在不降低水库防洪标准，确保水库上下游地区防洪安全的前提下，经科学论证确定，并报上级主管部门审批。

应分析降雨和洪水预报误差、汛限水位动态控制方案对水库防洪安全的影响，研究提出相应的水库应急控泄措施。

（7）超标准洪水调度

根据水文气象信息、水库工程基本情况、洪水成灾的风险分析、历史大洪水灾害情况及其调度情况等，制定水库超标准洪水调度方案，以力保大坝安全，应明确运用方式、调度权限、调度令下达及调度程序等，超标准洪水调度方案应经上级主管部门审批。

编制水库防御超标准洪水的应急抢险措施及其使用条件，对于需要采取水库非常泄洪措施的，应预先拟定启用非常措施的条件，并制定针对下游居民的报警及安全转移方案。

2. 防凌调度

（1）防凌调度任务

在冰冻期通过水库调度减少或免除冰冻对水库大坝安全的不利影响。

有上游凌汛影响的水库，要在调度中考虑防备凌汛或冰坝溃决洪水的影响。

通过水库防凌调度减轻或避免下游河道或水库的凌汛危害。

（2）防凌调度原则

对有冰情和防凌要求的水库，应确保大坝防凌安全，并在满足水库上游、下游的防凌安全要求下进行防凌调度。

在防凌调度中兼顾水库综合利用的要求，综合利用水库在凌汛期应服从防凌调度。

需要水库进行泄空排冰调度时应停止综合利用的调度，服从水库排冰要求。

要进行冰情、凌汛的预报，为水库防凌调度提供依据。

对于梯级水库联合防凌调度，要分析上下游水库的冰情，共同拟定联合防凌调度的任务和要求。

（3）防凌调度方式

水库库区和水库上游安全防凌的调度方式：

1）通过水库防冰塞、防冰坝的调度措施，结合水库综合利用调度，减缓冰塞、冰坝的形成和发展，防止库区形成冰塞、冰坝危害。

2）通过水库综合利用调度降低水库冰位，缩短水库冰位上延的距离，减缓库区和上游结冰的连结延伸。

3）防止水库上游造成冰灾，防范库区冰坝溃决洪水对大坝安全的危害。

4）冰凌开河时，水库降低水位泄水排冰，并防止排冰对大坝工程的破坏。

梯级水库的联合防凌调度方式：

1）梯级水库应制定联合控制的防凌调度方案。

2）冰凌开河时上、下水库进行联合排冰调度。

3）上水库的防凌调度和综合利用调度要为下水库的防凌安全调度创造有利条件。

水库本身有冰情时，要为下游防凌安全进行合理的防凌和排冰调度。

水库本身无冰情时，要重点配合下游防凌调度运用。

1）制定结合下游槽蓄量和控制冰盖的下泄流量过程，避免下游凌汛加重。

2）在水库下游河道封河期，控制下泄流量和时间，保证下游防凌安全。

3）在水库下游封冻开河期，控制下泄流量和时间，防止凌汛洪水对下游的危害。

4）处理好水库综合利用和下游防凌调度的关系，要预留防凌库容，提出为下游防凌的冰期限制水位。

5）梯级水库联合防凌应制定上下水库防凌限制水位，在防凌限制水位以下进行综合利用调度运用。梯级水库联合防凌调度先用下水库进行防凌调度，再运用上水库防凌调度。

5.3.2 水库供水调度

1. 供水调度任务

以水库设计供水任务为基础，考虑经济社会发展，保障流域或区域生活供水基本需求，确定供水调度任务。

按生活用水保障优先，促进经济社会持续发展为原则，结合水资源和水库调节特征，合理安排城镇供水、灌溉供水、工业供水和饮水安全保障的关系，合理安排不同供水任务。

2. 供水调度原则

在确保枢纽工程安全和其他防护对象安全基础上，充分发挥水库的供水效益。

根据水库水位、来水特点、用水对象的用水要求，在充分利用供水范围内的其他水源的基础上，尽可能地运用水库调蓄能力，合理调配水库水量。

根据供水在水库水利任务中所处的地位，制定相应供水调度方式。

3. 供水调度方式

在满足供水设计保证率和设计引水流量要求下，协调好取水水位与用水量、用水过程的关系。

在供水设计保证率以内年份，水库应按供水的要求保证正常供水；在供水设计保证率以外年份，水库不能满足正常供水要求时，可适当降低供水量进行供水。

水库向多个用水区供水时，应对各用水区的用水过程及用水量进行分析，充分利用区内各类蓄水工程水源，发挥联合运用的作用，合理拟定水库向各用水区供水的优先顺序和供水过程。

以供水为主的水库，应首先满足供水用水要求，按供水的一级调度拟定调度方式；对于供水和其他水利任务并重的水库，应按两级或多级调度拟定调度方式。

4. 供水调度图

以供水为主要任务的年调节及以上性能水库应绘制调度图。

供水调度图以水库水位（或蓄水量）为纵坐标、时间为横坐标（单位为月或旬，周期为水文年），由水库特征水位（正常蓄水位、防洪限制水位、死水位）和水库基本调度线（保证供水线、降低供水线）划分 3 个基本区域，并根据面临时段的库水位所在区域，拟定水库供水量。

（1）保证供水区：上限为保证供水线，下限为降低供水线。当面临时段的库水位位于此区时，水库按保证供水量方式供水。

（2）降低供水区：上限为降低供水线，下限为死水位。当面临时段的库水位位于此区时，水库按降低供水量方式供水。

（3）加大供水区：上限为防洪限制水位线或正常蓄水位线，下限为保证供水线。当面临时段的库水位位于此区时，水库可加大供水，按加大供水量方式供水。

供水区的数量，应根据水资源和水库调节特性、供水对象特性等具体情况拟定。

5. 灌溉供水

根据灌区灌水对象特点及其灌溉制度，制定合理的供水方式。

合理调配水库供水与当地径流关系，不足水量由水库供水补足。

合理控制水库水位，满足灌溉供水最低水位要求。

以灌溉供水为主的年调节及以上性能水库，应绘制调度图，并依据调度图进行灌溉供水调度。

应根据灌区情况、水库来水特性以及库水位情况，提出不同阶段或条件下的灌溉供水流量；有调度图的，应按调度图进行详细地供水调度说明。

对多年调节水库，应预留一部分备用水量，以备连续特枯年份使用。

以其他水利任务为主、结合供水的水库，应在满足其他水利任务的前提下，提出灌溉供水过程。

6. 城镇与工业供水

在城镇与工业供水保证率以内年份，应满足城镇与工业供水要求；在城镇与工业供水保证率以外年份，应优先满足城镇供水。

合理控制水库水位，满足城镇与工业供水最低水位要求。

承担城镇与工业供水任务的水库，应制定水质保护措施，确保水库水质不受污染。

满足上述要求，提出不同条件下、不同时间城镇与工业供水流量过程。

7. 人畜饮水调度

承担人畜饮水保障任务的水库调度中应确保人畜饮水需求，干旱地区的水库在各项调度任务中优先保障人畜饮水需要。

在水库同时向工业和人畜供水的情况下，应优先满足人畜供水要求。

确保水库水质不受到污染，保证人畜供水水质安全。

根据水库供水设计文件等提出水库不同来水保证率、不同时间或条件下的人畜供水流量。

5.3.3 水库发电调度

1. 发电调度任务

在保证水利枢纽、电力系统安全运行的基础上，充分发挥水库的发电效益。

以发电为主的水库，应以取得最大发电效益为原则；结合发电的水库，应服从主要水利任务的调度，特别是优先满足防洪安全需要。

2. 发电调度原则

充分利用水库的调节能力，合理控制水位和调配水量，并协调好与其他用水部门以及上下游电站的联合运行关系。

电站运行方式应结合电力系统运行要求拟定，有日调节性能以上的水电站，应充分发挥其容量效益。

3. 发电调度方式

发电调度方式应根据水库调节性能、入库径流、电站在电力系统中的地位和作用等选定。

(1) 无调节水电站，水库可维持正常蓄水位运用，出力大小由天然径流并考虑电站最大过水能力确定。

(2) 日调节水电站，水库水位应在正常蓄水位至死水位之间运行，发电流量由日径流确定。

(3) 年调节和多年调节水库，根据其水利任务绘制水库调度图，发电按调度图运行。

(4) 承担反调节任务的水库，根据开发任务的要求拟定蓄放水规则及过程。

(5) 抽水蓄能电站根据电网要求及水库情况制定运行方式。

年调节和多年调节电站的调度应包括以下运行方式：保证出力运行方式，加大出力运行方式，机组预想出力运行方式，降低出力运行方式等。

下游有生态环境用水、通航最小水深（流量）等要求的水库，可安排电站承担相应的基荷。

对于多年调节水库，在正常蓄水情况下，一般应控制调节年度末库水位不低于规定的年消落水位，为连续枯水年的用水储备一定的用水量。

4. 发电调度图

年调节及以上性能水库应绘制调度图。

发电调度图应满足以下要求：

(1) 在来水保证率以内的水文年，电站的出力应不小于电站的保证出力。

(2) 在来水保证率以外的水文年，应尽量减少水电站出力的降低幅度。

发电调度图纵坐标为水库水位、横坐标为时间（单位为月或旬，周期为水文年），由水库特征水位和防弃水线、基本调度线（保证出力线、降低出力线）等划分不同出力区域。

(1) 预想出力区：上限为正常蓄水位或防洪限制水位线，下限为防弃水线。

(2) 加大出力区：上限为防弃水线，下限为保证出力线。

(3) 保证出力区：上限为保证出力线，下限为降低出力线。

(4) 降低出力区：上限为降低出力线，下限为死水位线。

根据情况，预想出力区与加大出力区也可只设一个区。

综合利用水库应增加其他调度线和运行区域，并标明指示出力。

5. 发电为主水库的发电调度

在设计保证率的条件下，电站保证出力不允许破坏，以免影响系统容量平衡。

汛期应充分利用水量，枯期应尽可能保持高水头运行。

电站运行水位规定：设计枯水年供水期末库水位可消落至死水位。

对于兼顾的其他水利任务，其设计保证率以内年份，也应满足其水位或流量控制要求。

年调节及以上性能水库应按调度图进行发电调度。

6. 结合发电水库的发电调度

发电调度应服从水库主要水利任务的调度。

在设计保证率条件下应满足发电要求，取得电站的容量效益和电量效益。

设计枯水年供水期末库水位可消落至综合拟定的最低消落水位或死水位。

对于多目标利用的水库，应按发电所在水利功能先后次序来满足相应的发电调度要求。

年调节及以上性能水库应按调度图进行发电调度。

7. 小水电的发电调度

根据用电情况，无调节水库可维持正常水位运用，尽可能多发电。

对于有一定调节性能的水库，可维持在正常蓄水位至死水位之间运行。

可以与地方电网联网的小水电站，应充分发挥电网优势，提高发电效益。

其他可参照“发电调度图”制定调度方式。

8. 抽水蓄能下池水库调度

在下池水库安全运行的前提下，根据电网用电规划和下池水库的用水目标，拟定下池水库的调度方式。

根据下池水库水利任务，拟定供水次序。

在供水保证率内根据电网要求，制定抽水蓄能的调度方式。

9. 其他水利任务的调度

可参照“综合利用调度”或相应的主要水利功能进行调度运用。

5.3.4 水库泥沙调度

1. 泥沙调度任务

对多沙河流上的水库应拟定库内泥沙淤积控制和下游河道泥沙调节的泥沙调度任务。

水库规划设计有泥沙调度任务的按照水库设计方案运用，运行中发生水沙情况变化或水库未做泥沙调度设计的按实际水沙情况、水库建筑物条件等拟定水库泥沙调度任务。

因规划设计不周，运行中水库泥沙问题严重的，可采取试验研究和改造、增设水沙调度建筑物的方法改进泥沙调度方式。

2. 泥沙调度原则

充分利用水库枢纽防沙设计控制库内泥沙淤积，以合理的水沙调度方式调节下游河道泥沙沉积，维护河道河势和防洪能力。

以主汛期和沙峰期水库泥沙调度为主，将泥沙与防洪及其他调度方式合理结合。

多沙河流水库应合理拦沙，以排为主，排拦结合；少沙河流水库应合理排沙，以拦为主，拦排结合。

梯级水库及相关水库群的泥沙调度，应采取合理的联合调度措施，以提高泥沙的综合调控效果。

以防洪减淤为主要任务的水库，重点保证泥沙调度，适当兼顾其他功能调度。

3. 泥沙调度方式

防洪减淤为主的水库泥沙调度运用应当做到：

（1）采用“蓄清排浑”方式为主的调度运用。

（2）不拦蓄一般洪水，汛期洪水挟沙力大时尽量将泥沙排出库外。

（3）通过排洪拉沙形成一定的槽库容，一般洪水应控制在后期槽库容内滞蓄运用。

（4）维护好排沙、泄洪、输水等建筑物进口不形成泥沙淤堵。

（5）通过泥沙调度避免淤积损失水库防洪库容。

（6）通过水沙调度尽量避免下游河道产生不利的泥沙淤积。

综合利用水库泥沙调度运用应当做到：

（1）利用浑水排沙和异重流排沙方式，汛期尽量将泥沙排出库外。

（2）通过泥沙调度尽量避免淤积损失水库兴利库容。

（3）通过水沙调度逐步使下游河道形成相对的冲淤平衡。

水库淤积形态和淤积部位控制的泥沙调度方式，主要是通过合理的水沙调度控制以下重点部位：

（1）控制水库末端泥沙淤积。

（2）形成和维持水库坝前冲刷漏斗。

（3）汛期或主汛期限制淤积滩面高程抬升。

（4）防止形成多级水库和干、支流倒灌淤积拦沙坎。

（5）防止淤积浅水区形成拦沙带，防止发生淤积上溯。

下游河道淤积形态和淤积部位控制的泥沙调度方式，重点控制以下内容：

（1）防止下游河道出现上冲下淤或段冲段淤交错的状态。

（2）防止下游河道大量出现冲刷塌滩展宽河道而造成河势流路重大变化。

（3）防止下游河道出现河道整治工程冲刷险情和失去工程控导作用。

（4）减缓河口淤积延伸。

梯级水库联合泥沙调度运用：

（1）梯级水库要统筹河流水沙异源的特性进行联合泥沙调度，上游“清水”少沙的水库下泄“清水”，增补中游浑水多沙的水库调水调沙，加大下游输沙水量，解决河流泥沙淤积问题。

（2）梯级水库应通过联合泥沙调度发挥较大流量的排沙作用和水库下游河道较大流量的输沙作用，联合调蓄小水和平水流量，联合增补枯水流量。

（3）梯级水库联合兴利蓄水拦沙运用，通过上水库蓄水拦沙减少下泄沙量，可保护下水库提高蓄水位增加兴利运用，同时也可为上水库蓄水兴利运用安全保障。

5.3.5 水库航运调度

1. 航运调度任务

在保证枢纽工程安全和其他防护对象安全的基础上，充分发挥水库上、下游水域的航运效益。

承担竹木漂放任务的水库，在生产季节安排好竹木漂放调度，保证竹木漂放水位、流量要求。

2. 航运调度原则

在航运设计保证率的年份，应保证航道的水深或流量要求；其他年份，应尽量兼顾航运安全。

应以航道内船舶安全、便捷、有序通过为原则。

3. 航运调度方式

对于库区有通航要求的水库，应采取库水位不低于死水位或航运最低水位的调度方式；泄洪期间，能兼顾库区水流稳定的，应给予考虑。

对于下游航道航运调度方式应拟定以下两种调度方式。

(1) 固定下泄流量调度方式：航运保证率范围内的水库下泄流量应不小于最小通航流量、不大于最大通航流量。

(2) 变动下泄流量调度方式：下泄流量变动幅度应满足上下游航道的流态要求。

对于船闸、升船机的使用，应拟定合理的航运调度方式。

4. 航运调度

根据水库航运开发目标和航道实际情况拟定通航水位与通航流量，并提出对水库水位运用和水库泄流的控制要求。

对于承担调峰、调频任务而需进行日调节的水电站，应满足下游航运最低流量(水位)要求，发电低谷应尽量安排在午夜，且持续时间应尽量缩短。

枯水期根据水库综合利用供水大小情况，拟定一级或多级固定流量的航行调度方式。

洪水期泄洪时下泄流量的变化，尽量做到逐渐加大或变小，控制好下游水位的日变幅。

对过坝设施(升船机、船闸等)的启用和停用，制定严格规范的操作程序。特别是泄洪期间，为保证航运安全可对下游航道实行管制，甚至采取停航措施。

泄洪期间，开孔类型、数量、位置的选定，能兼顾下游航运安全的应尽量给予考虑。

有竹木漂放和过鱼等要求的水库，其运行方式应尽量满足竹木漂放和过鱼等的合理要求。

提出解决航道冲淤、水库水面排漂等问题的合理水库调度方式。

提出遭遇突发事件，如灾害性天气、水上交通事故、突发性洪灾等可采取的调度措施。

5.3.6 水库生态调度

1. 生态调度目标

河流的生态保护与恢复综合目标以维持和恢复河流生态系统健康为目的，特定目标以维持和恢复河流生态系统的某些特定需求为目的，河流上的水库应当承担相应的生态调度任务。

一般生态调度应以综合目标作为调度目标，但在综合目标难以确定的情况下，可以特定目标作为调度目标。

从水利、农业、林业、环境等相关部门和相关资料中获取水库所在河流的生态保护与恢复目标。

从旅游部门和相关资料中获取与水库有关的旅游景点的需水要求。

2. 生态调度原则

对改变了河川径流分配过程，从而对河流生态系统产生不利影响的水库，应在水库调度规程中考虑维持和恢复河流生态系统健康的基本需求。

生态调度应在确保水库工程安全和防洪安全的前提下开展，满足技术可行、经济合理的要求。

当与水库有关的生态旅游景点有需水要求时，应在考虑水库其他综合利用任务要求的基础上，尽可能满足生态旅游景点的需水要求。

生态调度应利用水库具有的调蓄能力，协调好生态调度与其他兴利的关系，合理调配水量和控制水位。

3. 生态调度方式

根据河流的生态保护与恢复目标确定河流生态需水流量，结合水资源和水库特性合理设置河流生态需水流量，包括最小生态需水流量、平槽生态需水流量、漫滩生态需水流量。

最小生态需水流量可以按月确定，平槽生态需水流量可以按年内若干次确定，漫滩生态需水流量可以按若干年一次确定。

根据河流生态需水流量，结合水库其他综合利用目标，制定水库生态调度方式及其相应的控制运用条件。

在制定漫滩生态需水流量的调度方案时，应避免水库下泄流量引发的水库下游地区的洪涝灾害，制定漫滩生态需水流量调度可能产生意外事件的应对措施。

对有分层取水建筑物的水库，应尽可能通过上层取水来实施水库生态调度。

根据旅游需水要求，结合水库其他综合利用目标，制定水库旅游调度方式及其相应的控制运用条件。

5.3.7 大坝安全突发事件应急调度

1. 应急调度目标

当大坝遭遇影响工程安全的突发事件(如超标准洪水、地震、地质灾害、上游水库大坝溃决、战争或恐怖袭击、人为破坏等)或出现严重险情(如因工程质量问题而导致大坝出现渗流破坏、滑坡、裂缝，或因运行调度、工程建设中的事故及管理不当等导致大坝险情)，并可能导致溃坝，造成重大生命、经济损失和严重社会环境危害而危及公共安全时，或(和)水库下游堤防及其他涉水工程出现重大险情，不容许水库按原定调度方式运用时，制定预备性的水库应急调度方案。

针对可能发生的大坝安全突发事件或下游保护对象的应急要求，制订针对性的应急调度方案，保障大坝和下游公众的生命安全，特别是遭遇自然灾害类突发事件(如超标准洪水、地震、上游水库大坝溃决等)时，在对工程进行应急处置的同时做好水库的应急调度，避免发生溃坝而造成次生灾害。

2. 应急调度原则

在做好突发事件分析的基础上，针对不同类别的突发事件，分别拟订相应的应急调度方案。

在制定水库应急调度方案的同时，应当制定其他相关的工程措施(如工程抢险处理措施)和非工程措施(如大坝安全应急预案)等。

当大坝工程出现险情或出现影响大坝工程安全的突发事件时，采取保坝应急措施，在限定的时间内尽快降低水库水位，同时控制水位降落速度，并按控制运用方式进行洪水调度。

当水库下游堤防或其他涉水工程出现重大险情时，按控制水库下泄流量进行调度。

在应急调度方案执行过程中，应根据险情和灾情发展动态，实时对调度方案作出调整。

3. 应急调度方式

针对可能发生的突发事件，拟订最低与最高水位、水位降落速度、下泄流量、限定时间等控制条件，在此基础上拟订具体的调度过程及判别条件。

制定应急抢险、监测巡查、人员转移等非常措施及其使用条件。

规定应急调度相关信息的传递方式和受理对象。

编制快速调洪和调度的辅助图表。

规定应急调度方案启动的权限与程序，以及应急调度结束的条件和程序。

对调度结果进行跟踪与分析，根据险情和灾情发展动态，实时调整调度方案，规定调整的依据条件和决策方式。

5.3.8 水库综合利用调度

1. 调度目标

正常来水年份或丰水年，在保障大坝安全的前提下，水库综合利用调度应依据水库开发任务的主次关系及各开发任务的不同特点，合理调配水量，使水库兴利的综合利用效益最大。

枯水年，水库综合利用调度应依据各项开发任务用水，重点保证城镇供水、农业灌溉等公益性效益，兼顾发电、旅游等经营性效益，使供水减少造成的不利最小。

汛期水库调度以防洪为重点，综合利用调度服从防汛安全需要。

2. 调度原则

调度规程中的库容和水量分配，应根据各开发任务的用水主次关系和对水量、水位及用水时间的要求，合理调配水量，充分发挥水库的综合利用效益。

对枯水年份的各项开发任务用水，应按保证重点、兼顾其他、减少损失、公益优先的原则进行调度。

在保证下游环境和生态用水要求前提下，承担多项开发任务的水库，应首先满足城乡生活用水需要，并满足防洪、防凌等的调度要求。

多沙河流水库的调度应满足水库排沙的要求。泥沙淤积严重的水库，必要时应进行分时期调度。

3. 调度方式

(1) 承担防洪与兴利任务水库的调度方式

1) 承担防洪与兴利任务水库的调度，应对降雨成因和洪水发生规律进行分析，合理选择防洪库容和兴利库容结合的形式。

2) 防洪库容与兴利库容的结合形式和重叠库容规模的选择，应根据水库工程开发任务的主次关系、工程条件、用水部门要求及满足程度等因素，经方案比较后确定。

3) 防洪库容和兴利库容的基本结合形式包括：防洪和兴利库容部分结合；兴利和防洪库容完全结合，无专门兴利库容和专门防洪库容；兴利和防洪库容完全结合，兴利库容仅是防洪库容的一部分；防洪和兴利库容完全结合，防洪库容仅是兴利库容的一部分。

4）承担防洪与兴利任务的水库应以水位（库容）和时间划分防洪区和兴利区，合理选择调度方式。水库调度应根据洪水特性和防洪要求，兼顾兴利效益的发挥，经方案比较后拟定防洪库容及其预留时间，划分兴利和防洪调度区的分界线。

5）以防洪为主的水库，在满足防洪要求情况下，各兴利调度方式如下。

保证运行方式：来水频率在各开发任务设计保证率范围内的时段，应使各开发任务达到正常供水量；来水频率在各开发任务设计保证率中间的时段，设计保证率高于等于水库来水频率的开发任务正常供水，其他开发任务减少供水；水库来水频率高于各开发任务设计保证率时，按降低供水方式调度。

加大供水方式：在丰水年或丰水段，宜根据水库能力按开发任务次序向各兴利任务加大供水。

降低供水方式：特枯年份或时段，可按各兴利任务的次序和保证率的高低分别减少供水。

6）以兴利为主的水库，应在水库蓄满率较高的情况下安排防洪库容；防洪库容和兴利库容重叠部分的结合安排，应通过方案技术经济比较确定。

7）库区有重要防护对象时应设置库区防洪控制水位。设置库区防洪控制水位时，应分析对水库防洪任务的影响，并兼顾防洪和兴利要求拟定水库调度方式。

8）汛前库水位迫降时，应比较兴利要求的最大泄量和下游安全泄量。

（2）发电与灌溉（供水）结合水库的调度方式

1）有供水任务的水库，应优先满足城乡生活用水要求，并为连续枯水年预留一部分生活用水的备用水量。

2）以发电为主的水库，灌溉（供水）用水相对较小时，按发电的一级调度方式调度；承担坝下引水灌溉任务时，可利用发电后的水量灌溉，在灌溉用水高峰时段，宜减小发电流量的变幅，尽量满足灌溉取水要求。

3）以灌溉（供水）为主的水库，发电用水相对较小时，应首先满足灌溉（供水）用水要求，按灌溉（供水）的一级调度方式调度。

4）对于发电和灌溉任务并重、两任务用水比重相当的水库，应采用两级调度方式，协调好发电和灌溉用水比例。

5）在考虑丰水年或丰水季节的余水利用方式时，应比较增加发电和灌溉（供水）用水的效益，制定综合效益大的加大供水方式。

（3）航运与发电等任务结合水库的调度方式

1）以发电为主、兼顾航运的水库，枯水期消落水位和洪水期泄流量应兼顾航运的要求，电站日运行方式及发电出力变幅应兼顾航运对通航水位、水位变幅、表面流速的要求，尽可能减少对正常航运的影响。对于重要航道，应协调好发电和航运的关系，制定两者兼顾的水库调度方式。

2）以航运为主的水库，应尽量保持均匀放流；若受库容等条件限制，在满足正常航运的前提下，也可采用多级泄流方式，并兼顾发电效益。

3）当发电等其他兴利任务用水与下游航运用水矛盾时，应根据它们的主次关系和各自的设计保证率，按两级调度方式进行用水量调度。

4）有竹木漂放和过鱼任务水库的调度方式，应尽量满足竹木漂放和过鱼的合理要求。

(4) 发电与泥沙控制等任务结合水库的调度方式

1) 在来水流量较大时,利用泄流排沙底孔形成和维持坝区冲刷漏斗,防止孔口和电站进水口的洞淤。

2) 在来水流量小时,使全部水流过发电机。

3) 监测进水口前淤积面高程,处理好发电与排沙的关系,做好排沙减淤和防淤堵。

(5) 航运与泥沙控制等结合水库的调度方式

1) 通过水沙调度处理好泥沙淤积碍航问题,稳定航道水深和航道流路。

2) 确保船闸、升船机的引航道不产生淤积碍航,必要时结合疏浚、清淤措施维护航道。

(6) 供水、灌溉为主综合利用水库的泥沙调度运用

1) 汛期或主汛期重点考虑防淤减淤调度,供水、灌溉要控制在防洪减淤限制水位以下的调节库容内进行。

2) 供水、灌溉要尽量控制引水含沙量和引水泥沙粒径,注意控制引水口的泥沙淤积。

3) 供水、灌溉引水经泥沙处理设施处理后的泥沙,应尽量不进入下游河道造成淤积。

5.4 水库调度管理

5.4.1 水库调度规程管理

水库管理单位及其上级主管部门(以下简称水库业主)应当根据水库规划设计指标、工程安全状况、上下游自然地理、水文水资源、社会经济发展、基础设施、综合利用需求等基本情况,编制水库调度规程。其中技术内容可以委托有关科研、设计单位协助编制。

水库调度工作及水库调度规程编制应当坚持以下原则:

(1) 安全第一原则:体现"以人为本"精神,体现风险管理理念,保证水库大坝安全,保障公共安全,避免因调度不当原因引发极端水库大坝安全事件(溃坝)。

(2) 统筹兼顾原则:按照综合利用、保证重点、兼顾一般的原则协调各用水任务关系,提高综合利用效益。水库调度一般突出防洪、防凌等公共效益,重视灌溉、发电、供水等兴利效益,兼顾航运、泥沙、生态环境等特殊效益,有条件的水库宜考虑洪水资源化利用调度,紧急情况下服从上级主管部门的统一调度。

(3) 可操作性原则:水库调度规程应当拟定科学有效、经济合理、具有可操作性的调度方式,水库调度规程应当内容具体、判别条件明确、简明实用、使用方便。

水库调度规程按照分级负责原则由相应主管部门审查批准,修订后必须重新审查批准。相应主管部门应当加强对水库调度工作的监督管理,明确水库调度事故责任追究制度。

影响范围跨地区的重要水库、梯级水库或水库群的调度规程由管辖权限覆盖跨地区、梯级水库或水库群的相应主管部门监督管理。

水库业主承担按水库调度规程进行水库调度运用的义务和责任,在水库调度运用过程中必须严格遵守水库调度规程,汛期水库调度运用必须服从防汛指挥机构的统一指挥。水库业主应当加强对水库调度设施的维护保养,确保调度设施正常运行。

水库调度规程应当根据情况变化适时修订，确保水库调度规程的实用有效。应当分析积累调度经验，吸纳先进调度理论和方法，不断提高水库调度的科学技术和安全保障水平。

水库调度规程编制应当采用成熟的科学技术，遵守相关现行有效的法规与技术标准。

5.4.2 水库调度职责分工及权限

1. 水库业主调度职责

(1) 基本职责

1) 掌握雨情、水情、冰情及防洪、用水情况，了解天气趋势，做好水文预报，进行水库调蓄计算，提出调度意见。

2) 根据上级主管部门批准的调度计划和水库主管部门的指令实施水库的调度运用。在汛期，水库调度运用必须服从防汛指挥机构的统一指挥。

3) 水库开始泄水、排沙或改变泄流方式时，应事先通知上下游有关单位与公众，并加强工程的巡视检查和监测；发现异常情况或险情时，要及时向主管部门和有关单位报告，并采取必要的应急措施。

4) 有条件时建立水质监测制度，掌握水质污染动态，协助调查污染来源，了解污染所造成的危害，并及时向上级有关部门报告。

5) 做好水库调度工作总结，总结调度经验以指导调度运用和水库调度规程的修订。每年汛后和年底分别编写洪水调度总结、兴利调度总结及有关专题技术总结，并报主管部门备案。

6) 及时修正和完善洪水预报方案，研究优化调度方式，不断提高水库调度运用水平。

(2) 编制和执行水库调度规程

1) 根据水库规划设计的基本任务、综合利用要求、调度运用原则及有关调度协议，编制水库调度运用规程，并按照隶属关系报上级主管部门审定。

2) 依据水库调度规程，编制调度运用计划，包括年、供水期或月兴利调度运用计划和汛期调度运用计划，报水库主管部门审批后实施。若需修订，应重新报经原审批部门批准。

3) 建立水库调度月报制度。主要内容包括：流域内雨、水、沙、冰情实况统计及简要分析；调度运用情况分析；下月的预报调度计划和实施措施。

(3) 建立水情测报和大坝监测制度

1) 建立雨、水情测报制度，做好雨、水情测报信息记录，加强水、雨情资料分析。

2) 汛期应当加强雨、水情测报和分析。

3) 建立大坝安全巡查和监测制度，定期开展巡查和监测，做好资料的记录和分析。

4) 汛期、发现工程异常、遭遇地震等突发事件时，应当加强巡查和监测，及时分析大坝安全情况。

(4) 建立水库调度设施管理制度

1) 按照调度运用计划和上级指令实施调度设施操作，不得接受任何其他部门和个人的指令。

2) 科学控制运用，保证调度设施的安全。

3) 加强调度设施维修养护，保证调度设施正常运行。

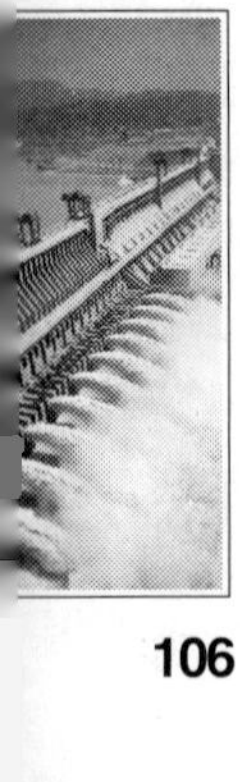

4）按照规定，及时做好调度设施的更新改造。

2. 值班人员主要职责

（1）收、发水情信息和调度指令，及时掌握雨、水、沙、冰情和水库运行情况。

（2）按规定及时与有关单位联系和向有关领导请示汇报调度情况，并按授权发布调度命令。

（3）保证信息传递、调度指令执行畅通。

（4）做好值班调度记录，严格履行交接班手续。对重要的调度指令和上级指示要进行录音或文字传真。

（5）严格遵守防汛纪律，服从上级主管部门调度指挥。

5.4.3 调度设施管理

1. 水情测报设施管理

（1）建立完善水位、流量、降水量等观测设施，有条件时可设置遥测或自动测报系统。

（2）加强测报设施的校验和维护，保证设施和系统长期可靠运行。测报设施如有损坏，应及时修复，并重新进行校正。

2. 大坝监测设施管理

（1）根据工程等级、规模、结构形式及其地形、地质条件和地理环境等因素，设置必要的监测项目及相应设施，定期进行大坝安全监测。

（2）加强大坝安全监测设施的校验和维护，发现故障时应尽快修复，并重新进行校正。

（3）大坝安全监测设施损坏、失效影响大坝安全监测保障时，应进行必要的更新和改造。

3. 闸门及启闭机设施管理

（1）严格按照规定，由专职人员按操作规程进行闸门启闭操作。

（2）闸门启闭措施要可靠，要有备用电源，以保证及时、可靠地进行闸门启闭。

（3）加强闸门及启闭设施的检查、调试和养护修理，确保运转正常，安全可靠。

（4）发现闸门及启闭设施故障要及时修复排除，对闸门及启闭设施老化影响可靠运行的应进行更新改造。

（5）闸门启闭结束后，应核对启闭开度、孔数，观察上下游流态，并填写闸门启闭记录。

（6）采用计算机自动控制时，应制定相应的运行操作和管理规程。

4. 通信设施管理

（1）建立完善水库调度通信设施，必要时设立专用通信手段，保证水文信息传递，确保与防汛指挥部门及有关单位通信畅通。

（2）加强通信设施的检测与维护，保证信息传递质量。

5. 防汛道路管理

（1）重视防汛道路建设，满足防汛抢险需要。

（2）加强防汛道路的养护修理，保证防汛道路畅通。

（3）水库坝顶兼做公路的，应经科学论证并报大坝主管部门批准，并采取必要的安全维护措施。

5.4.4 水库调度信息管理

1. 水情调度信息报送制度

(1) 建立水情调度信息报送制度，明确专人负责，信息报送应及时、准确。

(2) 建立大坝安全突发事件报告制度，明确报告途径和方式，允许必要时的越级上报。

(3) 确定信息报送方式，一般采取简报、快报等形式。

2. 水库调度档案存档制度

(1) 建立水库调度运用技术档案制度，及时整编水文水资源资料，大坝安全监测资料，水库调度运用资料等。

(2) 建立水库调度总结资料档案制度，总结调度经验，改进调度技术，分析调度教训，评价调度成果。

(3) 建立水库调度档案保管、借阅制度，做到收、借有手续，定期归还，保证档案资料完整。

第 6 章

水库水情自动测报与洪水预报技术

6.1 概　述

水库水情信息是水库水文预报、水库调度、防洪决策的基础信息和主要依据。近年来，随着遥测技术、计算机及网络技术的发展，水情自动测报系统在大中型水库已基本建立，许多流域机构、防汛部门也在水情自动测报系统的基础上建立了防汛指挥水情测报系统。

水情自动测报系统是利用遥测、通信、计算机及网络等技术，完成流域或测区水文、气象等要素的实时采集、传输、处理及水文预报，为水利水电工程运行调度服务的自动化系统。

水情自动测报与洪水预报系统的建设包括以下几个方面：

(1) 系统建设需求分析；

(2) 洪水预报方案的制定；

(3) 水文遥测站网设计；

(4) 数据通信组网设计；

(5) 水情遥测设备配置；

(6) 测报系统软件配置；

(7) 供电与防雷设计；

(8) 水情遥测系统土建设计；

(9) 运行管理与维护。

6.2　系统建设需求分析

水情自动测报与预报系统应依据水利水电工程的任务进行建设，应以实现工程任务的需要为最终目标。

(1) 任务与目标

综合利用的水利水电工程，需要实时掌握水情信息，还应进行入库洪水的预报，有防洪任务时，还应进行防洪控制断面的洪水预报。洪水预报应根据工程任务需要提出明确的预见期要求，实施水库防洪和兴利调度的洪水预报方案精度目标应达到甲级，站网布设和测报项目确定时，应充分考虑预见期和方案精度的要求。在工程需要根据洪水预报信息进行洪水调度时，测报项目应满足洪水过程预报的要求，以确定场次洪水调度方案。

河道防洪工程应根据保护区及堤防自身安全，选择合理的测报项目和预报方案。

供水工程可从用户对水量、水质的要求方面，选择合理的测报项目和预报方案。

(2) 系统建设的范围

系统建设的目标不同，所需要的系统建设范围也不同。对于中小流域的水库工程，在上游无调蓄能力较大的水库时，系统的建设范围一般为水库或下游防洪控制断面以上的全流域；当水库所在流域面积较大时，一般情况下，上游应以某一水文站或某一水库出库为控制断面，下游至水库坝址或防洪控制断面；灌区建设范围应以控制到干渠和支渠口门为依据。

(3) 测报项目

不同水利工程的水文遥测系统因其建设目标和任务的不同，所需采集的信息也不同。一般的测报项目有雨量、水位、蒸发、气温、流量、水质、闸门开度等。

(4) 系统功能

水文遥测系统的主要功能有数据采集、传输、接收处理、告警、信息共享、水文预报、优化调度等。

6.3 水库洪水预报方案的制定

水库洪水预报是根据前期和现时的水文、气象等信息，揭示和预测洪水的发生及其变化过程的科学。它是防洪非工程措施的重要内容之一，直接为防汛抢险、水资源合理利用与保护、水利工程建设和调度运用管理，及工农业的安全生产服务。

水库洪水预报主要包括：洪峰预报、入库洪水总量预报、水库水位预报、入库洪水过程预报和水库水位过程预报。水库所在流域地理位置不同、气候条件不同、土壤特性不同、植被覆盖不同均导致不同的洪水特性，因此水库洪水预报的要求和方法也不尽相同。

水库洪水预报方案应根据水利水电工程防洪及运行调度对洪水预报信息的要求、流域特性以及水文资料情况制定。

6.3.1 洪水预报方案拟定

洪水预报按预见期的长短，可分为短、中、长期预报。通常把预见期在 2 d(天)以内的称为短期预报；预见期在 3～10 d 以内的称为中期预报；预见期在 10 d 以上一年以内的称为长期预报。对洪水预报而言，预见期超过流域最大汇流时间即作为中长期预报。按洪水成因要素可分为暴雨洪水预报、融雪洪水预报、冰凌洪水预报、海岸洪水预报等。预报项目则包括洪峰水位(流量)、洪峰出现时间、洪水涨落过程(或洪水总量)。世界上绝大多数河流的洪水是暴雨产生的，并造成灾害，故暴雨洪水预报是洪水预报的一个主要课题。它包括：①产流量预报，即预报流域内一次暴雨将产生多少洪水径流量；②汇流预报，即预报产流后，径流如何汇集河道再进行洪水演进，得出河道各代表断面的洪水过程。

根据预报所依据的资料不同。洪水预报可分为水文气象法、降雨径流法和河段洪水演进法3类。这3类方法中，水文气象法的预见期最长，但预报精度往往较差，因为由水文气象要素演变为洪水，要经历许多复杂多变的环节，现在科学技术水平很难确切估计。降雨径流法的预见期，一般不超过流域汇流时间，预报精度可满足实用要求，故应用比较广泛。河段洪水演进法的预见期大体等于河段洪水传播时间，比较短，但预报精度往往很高，大江大河常常采用。

不同工程对水文信息要求不同，有些工程只需要预报洪峰流量，有些工程要求预报洪水过程，不同的流域产、汇流特性不同，水文资料情况也不尽相同，因此，水库洪水预报方案应根据工程防洪及运行调度对水文预报信息的要求、流域特性以及水文资料情况拟定不同方案，如河道径流预报方案、降雨径流预报方案和流域模型预报方案等。

(1) 应根据水利工程的任务、特性和预见期的要求，选择洪水预报方案；

(2) 应根据流域所在区域、下垫面特性，选择合适的产、汇流模型；

(3) 水文预报方案应按照《水文情报预报规范》(GB/T 22482—2008)的精度评定要求进行等级评定。

6.3.2 洪水预报方案编制

1. 编制要求

(1) 应根据工程运行对洪水预报的要求，在分析工程所在地区暴雨，产、汇流特性的基础上，选择流域水文模型、河系相关、降雨径流经验相关等方法，提出洪水预报方案配置。

(2) 一般情况下，编制洪水预报方案要求使用不少于10年的水文、气象资料，场次洪水资料要求湿润地区不少于50次，干旱地区不少于25次。

(3) 编制的洪水预报方案主要的预报要素包括洪峰流量、峰现时间、洪量和洪水过程，还应具备实时校正功能。

2. 洪水预报模型概述

洪水预报目前常用基于一定理论基础的经验性预报方法。如产流量预报中的降雨径流相关图是在分析暴雨径流形成机制基础上，利用统计相关的一种图解分析法；汇流预报则是应用以汇流理论为基础的汇流曲线，用单位线法或瞬时单位线等方法对洪水汇流过程进行预报；河道相应水位预报和河道洪水演算是根据河道洪水波自上游向下游传播的运动原理，分析洪水波在传播过程中的变化规律及其引起的涨落变化寻求其经验统计关系，或者对某些条件加以简化求解等。近年来实时联机降雨径流预报系统的建立和发展，电子计算机的应用，以及暴雨洪水产流和汇流理论研究的进展，不仅从信息的获得、数据的处理到预报的发布，缩短了许多时间(一般只需几分钟)，争取到了最大有效预见期，而且又增强了实时追踪修正功能，有效提高了暴雨洪水预报的准确度。

洪水预报模型根据不同的标准，可分为不同的类型。按是否考虑水文过程的随机性，可分为确定性、随机性和混合型模型。确定性模型是指使用同样的输入数据在相同的条件下运行模型，得到的输出总是一样的。目前大多数洪水预报模型都属于确定性模型范畴。随机洪水预报模型至少包括一项随机成分，使用相同的输入数据在相同的条件下运行模型，通常会得到不同的结果，如蒙特卡罗模型。混合型洪水预报模型由两部分组成，即确定性描述水文过程的核心部分和考虑水文参数时空变异特性的随机框架部分，如TOP MODEL。

按照对水循环要素过程描述方法的不同，确定性水文预报模型可进一步分为经验型、概念性和物理性模型。经验型模型又称为“黑箱”模型，所使用的数学方程是基于对输入输出系列的经验性回归分析，而不涉及对水文物理过程的分析。概念性模型又称“灰箱”模型，是将计算单元内许多水文过程进行描述，模型参数虽有一定物理意义，但难于由流域物理性质直接推算出来，一般需要根据单元出口流量进行率定。许多水文预报模型都是概念性模型，如 Stanford 模型和新安江模型等。物理性模型又称“白箱”模型，是将水移动的控制方程直接离散化，加上边界条件和初始条件，利用数值分析方法进行求解，因此能考虑水循环的动力学机制和相邻单元之间的空间关系，模型参数一般可以通过流域物理性质测量或推算。由于水文现象的复杂性，概念性和物理性模型是相对而言的，物理性模型其中也包含了很多经验或概念规律，同时计算时往往根据实际情况进行简化。

随着高新技术和信息技术发展的日新月异，水文预报的技术与手段发生了根本性的改变。空间技术、测控技术与信息采集技术的发展，使我们能够及时、有效地获取更多的资料和信息；资料与信息的处理、传输和存储的网络化以及分布式数据库和交互式操作系统的发展，使水文预报的技术得以迅速发展，特别在微观水文现象的理论与实验研究，水文观测技术、开发利用卫星与遥感观测资料、雷达与卫星监视洪旱灾害研究，数字流域与数字水文模拟技术研究，防汛指挥系统和决策支持系统研究等方面取得突破性进展。

流域模型是对复杂的水文系统的简单表达，它在解决生产实际问题和对水文规律研究中起着重要的作用，是有效的水文预报工具。水文模型的种类很多，目前国内外应用的主要是概念性降雨径流模型。概念性降雨径流模型是根据降雨径流的物理过程来建立模型的结构，率定模型的参数。国内外典型的概念性降雨径流模型有：萨克拉门托（Sacramento）模型、水箱（Tank）模型和新安江模型。

洪水预报内容主要由 3 部分组成：流域产汇流模型、河网汇流模型和实时校正模型。对次洪进行产汇流预报计算，一般采用分散型模型，按雨量站将流域分解为若干个子区。每一区间面积称之为单元流域。洪水预报计算的过程是：

(1) 先计算各单元流域的降雨径流过程，将计算出的径流过程作为相应子河段的降雨径流总入流。

(2) 各子区产流量经过河道汇流演算至水库断面进行叠加，得到区间控制面积的产流过程 q-t。

(3) 将入库断面的流量过程通过马斯京根演算至水库断面，得到 Q-T 曲线。

(4) 将 q-t 与 Q-T 进行叠加，得到水库预报总入流，分析预报计算过程与实测流量，采用实时校正模型进行修正。

洪水预报是一个非常复杂的系统工程，随着天气系统、地域特征和下垫面条件的变化，产汇流条件也随之变化，各预报对象都具有明显的特殊性。针对不同的预报对象，必须选择不同的预报模型。

3. 萨克拉门托模型

萨克拉门托模型（Sacramento Model）简称为萨克模型，是美国国家天气局于 20 世纪 70 年代开发的一个集总参数的概念性模型。因它始用于美国加利福尼亚的萨克拉门托河而得名。模型主要特点是：①按对产流作用的不同，将计算流域分为不透水面积 PCTIM，变化的不透水面积 ADIMP，透水面积 1－(PCTIM＋ADIMP)；②在透水面积上，按土壤垂向分布的不均匀性将土层分为上土层和下土层，上下土层之间用霍尔坦下渗曲线连接；③按土壤水受力特性的不同分为张力水和自由水；④将水源划分为直接径流、地面径流、壤中流、快速地下水和慢速地下水；⑤参数虽有物理意义，但参数多，难于优选；⑥产流计算复杂，汇流计算相对简单；⑦模型中设有超渗产流机制，可适用于所有地区，应用范围广。

4. 水箱模型

水箱模型(Tank Model)是20世纪60年代初由日本国立防灾中心菅原正已(Sugawara)博士开发的一个分水分单元的概念性模型。目前在日本和东南亚各国运用广泛，在我国也有所应用。模型主要特点是：①以水箱作为蓄水容器，将降雨径流过程模拟为若干水箱的调蓄作用；②模型结构简单，计算简便，适应性强，弹性好；③模型结构不定，参数物理意义不很明确，参数多且没有一个客观的数学方法来描述。

5. 新安江模型

新安江模型是一个分散参数的概念性模型。模型主要特点是：①在产流计算中应用蓄满产流概念；②将水源分为地面、壤中与地下3种；③在洪水演算中应用高阶的马斯京根法(Maskingun Method)线性系统，必要时可改为非线性解；④参数少且具有明确的物理意义，容易优选；⑤产流计算简单，汇流计算相对复杂；⑥模型中没有设超渗产流机制，适用于湿润与半湿润地区且应用效果好。

南方湿润地区，气候温和，雨量丰沛，洪水预报模型选用在湿润和半湿润地区广泛应用且行之有效的三水源新安江模型。模型的结构及计算方法国内水文界大都熟知，在此不再赘述。

6.4 小流域突发性洪水预报技术

小流域常见以小型山丘为主体，且山丘地区山高坡陡，溪流密集，洪水汇流时间短，水位陡涨陡落，来势凶猛，往往短时间成灾，同时可能引起滑坡、崩坡、崩塌和泥石流等次生灾害。由于这些区域大多分布有中小型水库，建设年代较早，建设标准低，运行时段长，突发山洪及次生灾害极易引起水库大坝结构及库区岸坡的安全问题，甚至造成大坝溃决的风险，大坝一旦溃决将会带来难以预估的人员伤亡及经济财产损失。因此，小流域洪水预报技术研究具有重要意义。

小流域突发洪水通常由短历时大强度暴雨造成，主要特点为：①季节性强、干湿季节分明，降雨集中，易造成突发性洪水；②区域性明显。流域多处于山地，山区气流循环复杂，同时受地形影响，易形成局部极端暴雨；③洪水来势凶猛，成灾快。由于诱发小流域洪水的降雨集中、区域明显、成灾迅速、时空分布特性复杂，基于现有气象模型的天气预报不确定性较大。这些特点都加大了小流域洪水预报的难度。

洪水预报过程通常要经过子流域产流、河道汇流及洪水入库3个步骤。子流域产流过程中，根据小流域的地形特征，同时考虑到降雨观测站的分布情况，将模型划分为多个子流域。子流域的划分主要是为了描述流域的产流过程。流域的产流过程，一般概化为2种模型：①Horton产流，即超渗产流。当降雨强度很大，且土壤渗透性较弱时，有效降雨在土壤水饱和之前就形成地表径流；②Dunne产流，即蓄满产流。当降雨强度较小，土壤渗透性良好，有效降雨首先进入土壤。在土壤基本饱和之后，才会在地面形成径流。从流量过程曲线来看，超渗产流形成的洪峰窄而高，蓄满产流形成的洪峰平而缓。河道汇流建立在各个子流域产流的基础上，即初级子流域产流汇入该子流域的支流，支流再通过河道的连接，到达水库入库断面。目前，河道汇流的计算有基于河道动力学的解析方法和经验法。河道动力学的解析方法需要河道断面形态、河道阻率等参数，并将河道概化为 1 维或 2 维模型，通过离散水量平衡、能量平衡等控制方程，在提供边界条件和初始条件之后，求解出流量过程。该方法有完善的数学物理背景，计算结果是分布式的，理论上可以计算出河道任意一点的流量过程，但需要的数据量大，计算复杂，在实际操作中还受到计算稳定性、收敛性的影响，难以较好地应用于实际的小流域突发洪水预报。经验方法将水量平衡等控制方程简化，只计算指定断面的流量过程，计算方法简便，但计算参数需要通过收集大量流域相关数据，从降雨、流量等资料中通过回归分析得到，马斯京根法是较为常见的经验方法。小流域洪水在河道传播的过程，流向比较统一，基本可以概化为一维流动。当洪峰到达水库入库断面，河道断面在库区扩大时，则需要处理为二维的动力学问题。从水库历史水位库容数据中可以提取出库容和水位关系。对洪水入库的流量进行时间的积分得到入库的洪水体积，再通过库容和水位曲线，得到水库水位的变化。在小流域突发洪水预报技术研究中，由于水文模拟主要基于单场降雨过程，产汇流计算得到的流量只是地表径流的流量。在计算入库流量时，还应在地表径流上加上河道前期的基流量。基流量可通过降雨前期入库观测值通过回归分析得到。水库小流域洪水预报过程如图 6.4-1 所示。

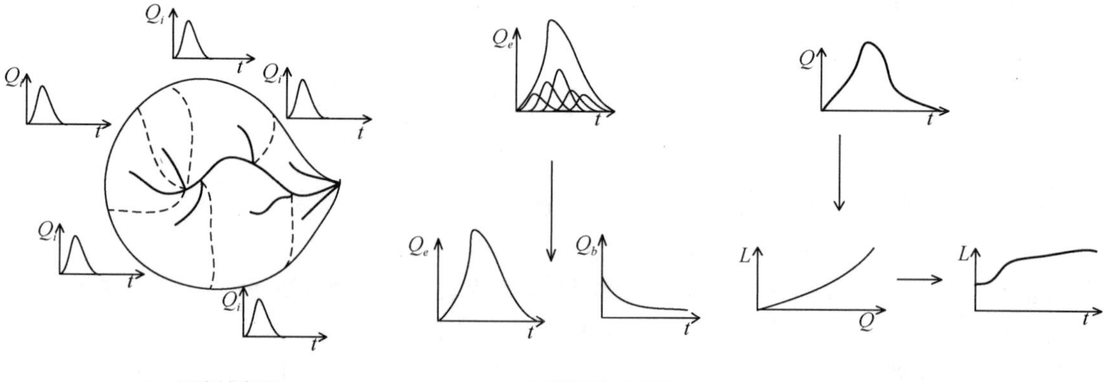

图 6.4-1　小流域洪水预报过程示意图

6.4.1　小流域洪水预报数据驱动模型

传统的概念模型与物理模型计算需要获取的参数较多，且在计算过程中易受到算法稳定性的影响。近 20 年来出现了大量运用机器学习算法进行水文预测的研究，基于这些机器学习算法提出的数据驱动模型（data-driven models, DDM）可以直接从数据中学习从输入（例如降水）到输出（例如流量）的映射关系，实现洪水预报计算。为此，针对小流域突发洪水预报的特点，采用人工神经网络、决策向量机和高斯过程 3 种机器学习算法建立数据驱动的洪水预报模型，为了确保方法的实用，以满足小流域实时洪水预报的要求，同时还对

3 种方法的计算复杂度进行了评估。以下具体研究小流域洪水预报数据驱动模型的建立方法。

1. 人工神经网络

人工神经网络(ANN)模仿生物大脑的神经回路,由一组链接紧密的节点构成。每一个节点接受一定数量的实值输入数据(也可能是其他节点的输出数据),并且产生单个实值输出,该输出可能是其他节点的输入数。经证明,包含三层的向前传播网络可以精确模拟任意函数。人工神经网络的灵活性使它成为在水文预报领域中最为广泛运用的一种机器学习算法。例如,Hsu 等(1995)在对美国密西西比州 Collins 市以北的 Leaf River 流域(流域面积 1 950 km^2)的降水-径流研究中发现,ANN 模型的效果要优于带外源自回归移动平均模型(ARMAX)以及萨克拉门托模型(SAC-SMA)。Sudheer 等(2002)比较了印度东部地区 Baitarani 河的多种降水-径流模型。他们根据自相关和互相关选取 ANN 模型的最优输入数据,得到的模拟结果优于自回归移动平均模型(ARMA)和多元线性回归模型(MLR)。此外,ANN 模型也被用于基流(baseflow)的模拟。Corzo 等(2007)针对基流的水文过程线高流量部位和低流量部位的不同特征,分别建立 ANN 模型加以模拟。

多层感知元网络(MLP)是常用的一种神经网络结构,整体由输入层、隐藏层和输出层构成,如图 6.4-2 所示。

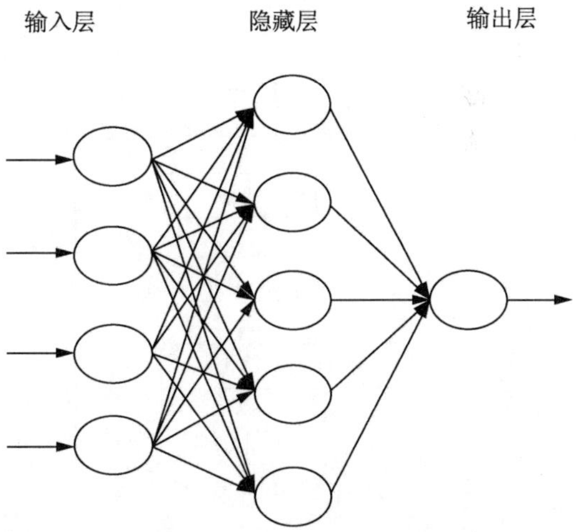

图 6.4-2 人工神经网络结构

对于 MLP 网络,信息从输入层,经由节点间的连接,流至输出层。每一个节点,先计算它的输入数据的加权和,再将加权和经由传递函数计算该节点的输出值。隐藏层的节点常用 S 形(sigmoid)函数作为传递函数,如下式:

$$S(t) = \frac{1}{1+e^{-t_k}} \tag{6.4-1}$$

式中:t_k是该节点 k 输入数据的加权平均,即

$$t_k = w_1 x_{1(k)} + w_2 x_{2(k)} + \cdots + w_k x_{n(k)} + b_k = w_k x_k + b_k \tag{6.4-2}$$

式中:w_k、b_k 为该节点 k 的系数。所有节点的系数记为 w、b,可由反向传播算法(Backpropagation)根据训练数据计算得到。

给定一组训练数据 $\{X,y\}=\{(x_i,y_i)\mid i=1,\cdots,m\}$,反向传播算法按照公式(6.4-3)最小化为计算目标:

$$E(w,b) = \frac{1}{2}\sum_i (\hat{y}_i - y_i)^2 \tag{6.4-3}$$

在公式(6.4-3)中,当损失函数 $E(w,b)$ 中没有约束项时,反向传播算法 MLP 容易过拟合数据。为了防止过拟合,可常采用提前停止法(early stopping),将数据分为两部分,即训练数据和验证数据。训练过程的每一个迭代步中,由训练数据习得的神经网络在验

证数据上进行测试，监测其泛化误差。在训练的初期，泛化误差通常会和训练误差一起减小，直到某一时期神经网络开始过拟合数据。这时，泛化误差在连续几个迭代步中上升，尽管训练误差还在减小。这时训练就停止，对应最小泛化误差的那组系数 w、b 也就作为最优结果。

需要注意的是，在网络具有足够数量节点的条件下，三层或以上的前馈式（feed forward）网络能拟合任意函数至任意精度。但在实际计算过程中，考虑到计算效率，可选择适中大小的神经网络以表达水文预报中高度非线性的各种复杂函数关系。为了模拟降雨-径流间的关系，可选择三层结构的网络，输入层的降雨数据节点个数等于输入降雨数据的维度，输出层通常有一个节点，即输出任一时刻的径流量。而隐藏层节点的个数通常需要用户根据泛化误差的优化而选取。常采用的方法是 k 折交互验证，即将降雨和径流训练数据分为 k 个子集。每一次，用 $k-1$ 个子集的数据训练网络，用剩下的 1 个子集的数据测试网络得到泛化误差。如此重复 k 次，每次使用不同的测试子集。最后取 k 次泛化误差的平均值。用不同的节点个数重复这一过程，选取对应最低泛化误差的那个节点个数。具体算法流程如图 6.4-3。图 6.4-4 中显示的是 5 折交互验证，即将降雨和径流训练数据分为 5 个大小大致相同的子集。

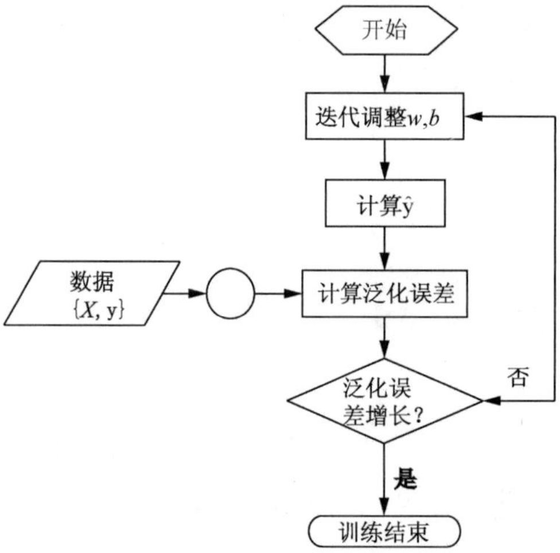

图 6.4-3　人工神经网络算法流程图

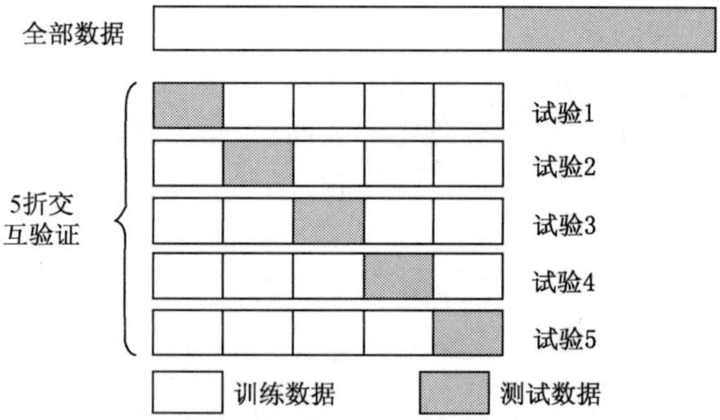

图 6.4-4　数据交互验证过程

2. 支持向量机

支持向量机（SVM）是一种比较新的机器学习算法，最初由 Vapnik（1995）提出作为一种二元分类算法。与神经网络（ANN）不同，SVM 算法实际上限制了预测误差的上限。该算法总是收敛于全局最优解。由于这些优点，以及在基准问题上的优秀表现，SVM 算法近年来在各个科学工程领域得到广泛的应用，并逐步被拓展到回归问题，形成支持向量机回归算法。支持向量机回归算法又简称 SVR，该算法的基本思想是将输入数据经过非线性的转换，映射到纬度较高的空间，随之在这空间中求解线性回归，其自变量的非线性映射通常并不以显式呈现，而是通过核函数来实现。此外，该算法常采用一种特殊的罚函数，并运用二阶正则化。相对于其他算法，SVR 算法具有较高的泛化性能。这是因为 SVR 算法实质上最小化检验误差的上限，而不像大多数回归算法那样最小化训练误差。其二，SVR 求得的解是全局最优的，而很多其他机器学习算法求得的是局部最优解。第三，SVR 的解可表达为一组支持向量，这组解是稀疏的，即只占所有训练数据的一小部分。以下简要说明 SVR 用于小流域洪水预报的计算过程。

给定一组降雨径流训练数据$\{X,y\}=\{(x_i,y_i)|i=1,\cdots,m\}$，首先用映射变换 $\Phi:X\to F$ 将输入数据x_i映射到更高维度的特征空间 $\Phi(x)$。随后，在该特征空间进行线性回归，回归方程为：

$$\hat{y}=w\Phi(x)+b \tag{6.4-4}$$

其中，系数 w 和 b 可通过求解以下最优化问题确定：

$$\min \frac{1}{2}w^{\mathrm{T}}w+C\sum_{i=1}^{m}(\xi_i+\xi_i^*) \tag{6.4-5}$$

约束条件：

$$\begin{cases} y_i-(w^{\mathrm{T}}\Phi(x_i)+b)\leqslant \varepsilon+\xi_i \\ (w^{\mathrm{T}}\Phi(x_i)+b)-y_i\leqslant \varepsilon+\xi_i^* \\ \xi_i,\xi_i^*\geqslant 0,i=1,\cdots,m \end{cases} \tag{6.4-6}$$

式(6.4-5)最优化问题目标函数中的第一项$\frac{1}{2}w^{\mathrm{T}}w$ 约束回归模型的复杂度，避免过拟合问题。第二项决定了数据的拟合程度，由宽松的罚函数计算，表示为：

$$|\xi|_{\varepsilon}=\max\{0,|y_i-\hat{y}(x_i)|-\varepsilon\} \tag{6.4-7}$$

此外，目标函数式(6.4-5)的第二项常数 C 为权重，决定目标函数在拟合程度和函数复杂度之间的平衡。

前面提到，SVR 用映射变换 $\Phi:X\to F$ 将输入数据x_i 映射到更高维度的特征空间 $\Phi(x)$，但在实际的降雨径流回归计算中并不需要用显示的形式实施这一变换，而是隐式地通过核函数来实现。常用的核函数是径向基核函数，表示为：

$$\begin{cases} \langle\Phi(x_i,x_j)\rangle=K(x_i,x_j) \\ K(x_i,x_j)=\exp(-\gamma\,|x_i-x_j|^2) \end{cases} \tag{6.4-8}$$

式中：$\langle\Phi(x_i,x_j)\rangle$表示 $\Phi(x_i)$和 $\Phi(x_j)$的内积。系数 γ、约束常数 C 及罚函数中的 ε 也是 SVR 算法的超参数。这 3 个超参数可以由训练数据估计，也可以通过互检样本实验调整。常用的互检样本实验是 k 折交叉验证(k-fold cross validation)。

图 6.4-5 为支持向量机算法计算原理示意图。其中，(a)表示核函数 $k(\ )$将输入数据变换到高维空间，从而把原始的非线性回归问题转换为线性回归问题；(b)为 SVR 所用的 insensitive 罚函数。

3. 高斯过程回归

高斯过程(Gaussian Process，又简称 GP)是近几年水文预报研究中较好的另一种核化非线性回归方法。和多元线性回归模型相比，这两种非线性模型在多种性能测度中都表现更好。高斯过程是一系列随机变量的集合，其中任意有限个随机变量满足联合高斯分布。

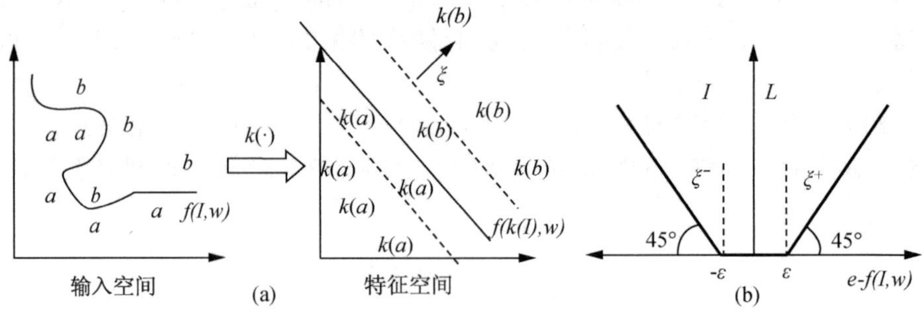

图 6.4-5　支持向量机回归(SVR)算法原理示意图

高斯过程可以理解为高斯分布的拓展，后者是向量的分布，而前者描述函数的分布。高斯过程由一对均值函数和协方差函数完全确定。高斯过程$\{Y(\boldsymbol{x})\mid \boldsymbol{x}\in R^d\}$（$\boldsymbol{x}$ 为 d 维向量）的均值函数可表示为：

$$\mu(\boldsymbol{x}) = E[Y(\boldsymbol{x})] \tag{6.4-9}$$

协方差函数可表示为：

$$\mathrm{cov}(\boldsymbol{x},\boldsymbol{x}') = E[(Y(\boldsymbol{x})-\mu(\boldsymbol{x}))(Y(\boldsymbol{x}')-\mu(\boldsymbol{x}'))] \tag{6.4-10}$$

对常见的贝叶斯线性回归问题，利用高斯方法，可采用模型：

$$f(\boldsymbol{x}) = \sum_{i=1}^{m} w_i\,\varphi_i(\boldsymbol{x}) = \boldsymbol{w}^{\mathrm{T}}\phi(\boldsymbol{x}) \tag{6.4-11}$$

式中：ϕ 是一系列基函数的集合；$\boldsymbol{w}$ 是 m 维系数向量。制定 $\boldsymbol{w}$ 的先验分布为高斯分布，即 $w\sim N(0,\Sigma)$。则均值函数和协方差函数为：

$$\begin{cases}\mu(\boldsymbol{x}) = E[Y(\boldsymbol{x})] = E(\boldsymbol{w}^{\mathrm{T}})\phi(\boldsymbol{x}) = 0\\ \mathrm{cov}(\boldsymbol{x},\boldsymbol{x}') = \phi^{\mathrm{T}}(\boldsymbol{x})E[\boldsymbol{w}\boldsymbol{w}^{\mathrm{T}}]\phi(\boldsymbol{x}') = \phi^{\mathrm{T}}(\boldsymbol{x})\Sigma\phi(\boldsymbol{x}')\end{cases} \tag{6.4-12}$$

式中：基函数 ϕ 的作用是将自变量 $\boldsymbol{x}$ 投影到 m 维特征空间中。通常 m 可以远大于 d。这样，回归模型 $f(\boldsymbol{x}) = \sum_{i=1}^{m} w_i\phi_i(\boldsymbol{x}) = \boldsymbol{w}^{\mathrm{T}}\phi(\boldsymbol{x})$ 虽然在特征空间中为线性模型，但在原始空间中为非线性。

通常映射 $x\mapsto\phi(x)$并不是通过基函数以显式形式变换，而是通过核函数（kernel）隐式变换。例如，下式所表示的平方指数协方差函数对应无限维的特征空间：

$$k(\boldsymbol{x},\boldsymbol{x}') = \nu_0\exp\left[-\sum_{l=1}^{d}\frac{(x_l - x_l{}')^2}{\lambda_l^2}\right] \tag{6.4-13}$$

除平方指数协方差函数外，凡是生成半正定矩阵的函数都可作为协方差函数。式(6.4-13)中，$\nu_0,\lambda_1,\cdots,\lambda_d$称为该协方差函数的超参数（hyper parameter）。ν_0 控制高斯分布 Y 的边际方差，$\lambda_1,\cdots,\lambda_d$则控制 x 各个维度上相关性的强弱，又称为特征长度。

考虑回归模型 $y=f(\boldsymbol{x})+e$，$\boldsymbol{x}$ 是自变量向量，$y=f(\boldsymbol{x})$ 是要估计的函数，y 为观测值。假设观测值与函数值之间的误差为独立同分布的高斯噪声，均值为 0，方差为 σ_e^2。给定一组

训练数据$\{X,y\}=\{(x_i,y_i)|i=1,\cdots,m\}$，高斯过程回归和推论的目标是由此估计函数$f(\boldsymbol{x})$，并对未知自变量$X^*=\{x_j^*|,j=1,\cdots,n\}$进行预测，即给出$f(X^*)$的后验概率分布，缩写为$f^*$。若均值函数为0，用$K(X,X)$表示$f$的$m\times m$的协方差矩阵，$K(X^*,X^*)$表示$f^*$的$n\times n$的协方差矩阵，而$K(X,X^*)$表示$f$与$f^*$的$m\times n$的协方差矩阵。这三个协方差矩阵都由协方差函数计算得到。先验的(a priori)有$f^*\sim N(0,K(X^*,X^*))$。同时，y，f^*的联合分布函数可以表示为：

$$\begin{bmatrix} y \\ f^* \end{bmatrix}=N(0,\begin{bmatrix} K(X,X)+\sigma_e^2 I & K(X,X^*) \\ K(X,X^*)^{\mathrm{T}} & K(X^*,X^*) \end{bmatrix}) \tag{6.4-14}$$

高斯分布推论可以看作用观测值来更新上述先验联合概率分布，如下式：

$$f^* \mid X,y,X^* \sim N(\overline{f^*},\mathrm{cov}(f^*)) \tag{6.4-15}$$

其中，均值方差表示为

$$\begin{cases} \overline{f^*} \triangleq E[\overline{f^*} \mid X,y,X^*]=K(X,X^*)^{\mathrm{T}}[K(X,X)+\sigma_e^2]^{-1}y \\ \mathrm{cov}(f^*)=K(X^*,X^*)-L(X,X^*)^{\mathrm{T}}[K(X,X)+\sigma_e^2 I]^{-1}K(X,X^*) \end{cases} \tag{6.4-16}$$

观测值y的边际似然为：

$$\begin{aligned} \log p(y\mid X)=&-\frac{1}{2}y^{\mathrm{T}}[K(X,X)+\sigma_e^2 I]y \\ &-\frac{1}{2}\log|K(X,X)+\sigma_e^2 I|-\frac{n}{2}\log 2\pi \end{aligned} \tag{6.4-17}$$

式(6.4-17)中第一项描述对降雨径流数据的拟合优度，第二项为正则化约束，第三项是归一化常系数。边际似然可以用来选择回归模型，包括对协方差函数及其超参数的选取。以上过程可以看作：①对预测值y给定高斯过程形式的先验概率；②用观测数据制约得到似然值；③运用贝叶斯定律，合并先验概率和似然值，计算后验概率。此高斯过程回归和对数遍及似然的计算过程算法表示为以下过程：

输入：$X,y,k,\sigma_{\in}^2,x_*$

$L:=\mathrm{cholesky}(K+\sigma_{\in}^2 I)$

$\alpha:=L^{\mathrm{T}}\backslash(L\backslash y)$

$\overline{f}_*=K_*\alpha$

$v:=L\backslash K_*$

$Var(f_*):=K(x_*,x_*)-v^{\mathrm{T}}v$

$\log p(y\mid X):=-\frac{1}{2}y^{\mathrm{T}}\alpha-\sum_i \log L_{ii}-\frac{n}{2}\log 2\pi$

返回：$\overline{f}_*$(均值)，$\mathrm{Var}(f_*)$(方差)，$\log p(y|X)$(对数边际似然)

高斯过程与支持向量机具有紧密的联系，这主要是由于它的协方差函数与支持向量机理论中的核函数在数学上是等价的。和其他确定性的机器学习模型不同，高斯分布天然具有不确定性的描述。利用高斯分布可以进行精确贝叶斯推理。在洪水预报计算中能够获得较好的结果。需要指出的是，高斯分布模型的存储和计算量很大。对于训练数据的个数为

m 的计算过程，计算复杂度是 $O(m^3)$，内存占用为 $O(m^2)$。高斯过程推论和预测见图 6.4-6。

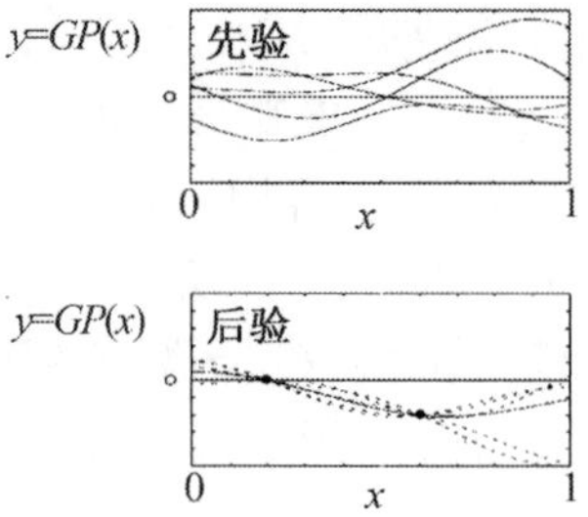

图 6.4-6　高斯过程推论和预测过程示意图

4. 小流域洪水预报数据驱动模型分析

前文介绍了 3 种用于回归分析的机器学习算法，即人工神经网络（ANN）、支持向量机（SVR）和高斯过程回归（GP）。下面采用这 3 种数据驱动算法分别建立小流域突发洪水预报的数据驱动模型。在建立数据驱动模型前，首要步骤是收集和分析已有的历史天气和流量数据。在天气数据中，选择分辨率较高的降水量数据，蒸发量数据作为补充，对气象和流量数据的时间序列进行相关性分析，以便选取合适的时间序列作为数据驱动模型的输入数据。

相关性分析主要包括两部分，首先是计算时间序列的样本自相关函数（sample autocorrelation function，ACF）和不同迟延（lag）时间序列间的相关系数（correlation coefficient）。具体方法如下。

对时间序列 $\{y_t\}$，$t=1,\cdots,K$，迟延 k 下样本自相关函数（ACF）值定义如下：

$$r_k = \frac{\sum_{t=1}^{T-k}(y_t - \bar{y})(y_{t+k} - \bar{y})}{Tc_k} \tag{6.4-18}$$

式中：c_k 为时间序列的样本方差。

相关系数只能描述线性的相关性（dependence），非线性的相关性可用互信息分值（mutual information score）测量。因此，除计算相关系数外，还需计算不同时延时间序列间的互信息。对两个时间序列 $\{x_t\}$，$\{y_t\}$，$t=1,\cdots,K$，互信息分值（mutual information score）定义为：

$$I(X,Y) = \sum_{y\in Y}\sum_{x\in X} p(x,y)\log\left[\frac{p(x,y)}{p(x)p(y)}\right] \tag{6.4-19}$$

式中：$p(x)$，$p(y)$ 分别是 $\{x_t\}$ 和 $\{y_t\}$ 的边缘概率分布函数；$p(x,y)$ 是两时间序列的联合概率分布函数，均由样本估计。

在上述相关性分析的基础上，可以选取与流量具有自相关系数和互信息的延迟时间序列，例如，前日或小时的流量，前日降雨及预报当日降雨量等。在选定输入数据之后，需要对数据驱动模型的结构和机器学习算法的超参数进行调整。这主要包括人工神经网络的层数和节点数，支持向量机的核函数类型和超参数（例如 C，λ），以及高斯过程的均值函数、协方差函数类型和相关的超参数的调整。这一步的调整和优化可以通过 k 值交叉验证，具体方法见前文，此处不再赘述。

在确定了数据驱动模型的结构和超参数之后，重新用所有历史数据训练数据驱动模型。在未来需要预测的每一时间步，读取雨量计或流量计等观测设备所记录的实时雨量，结合过去若干天或若干小时的延迟流量数据，生成预测输入数据，输入已经训练好的数据驱动模型，从而预报实时流量、库容及水位。图 6.4-7 显示了基于机器学习算法的小流域洪水预报数据驱动模型分析流程。

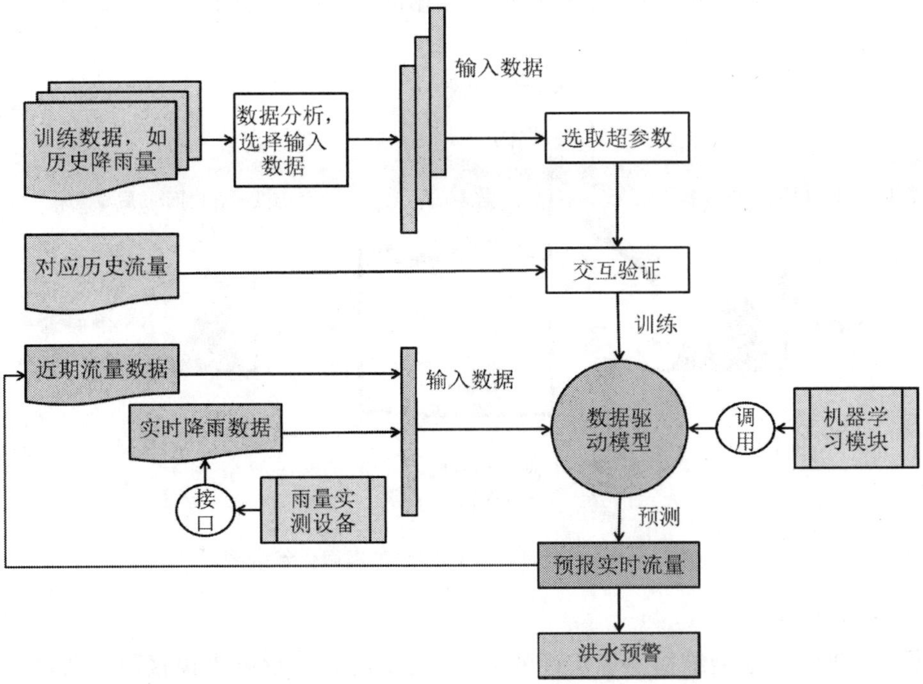

图 6.4-7　基于机器学习算法的小流域洪水预报数据驱动模型

6.4.2　小流域洪水预报修正融合方法

1. 顺序数据同化

根据历史数据建立的小流域突发洪水预报数据驱动模型在用于实时洪水预报时还需要基于实时数据不断修正模型参数以确保提高模型的精度。顺序数据同化(sequential data assimilation，简称 DA)技术可以对模型进行修正，其利用观测数据逐步更新模型，修正状态变量，以降低模型的不确定性。用 x_t 表示时间 t 时系统的状态变量(例如流域的存量)值，y_t 表示时间 t 时的观测值(例如流量)。顺序数据同化的目标是用到时间 t 为止的观测值 y_1，y_2，…，y_t 更新时间 t 的系统状态。数据同化通常由两种操作组成：(1)预测操作中，用状态转移概率 $p(x_t|x_{t-1})$ 来决定系统状态变量从时间 $t-1$ 到时间 t 的演进；(2)更新操作中，用时间 t 新获得的观测数据来更新预测步中所计算的系统状态 x_t。从顺序数据同化的原理来看，它较适合用来建立实时洪水预报系统。

为了运用数据同化算法，事先需要将概念模型或物理模型改写为以状态描述动态系统的形式。此外，计算预报模型系统状态变量的贝叶斯后验概率分布精确解需要进行高维度积分运算，在实际运用中可采用基于蒙特卡洛模拟的集合滤波(ensemble filtering)方法来近似求解，较为实用的方法为集合卡尔曼滤波(ensemble Kalman filter，简称 EnKF)。集合卡尔曼滤波的主要优势在于它的形式简明，易于实现，计算量小。EnKF 克服了 EKF 由于采用泰勒展式的一阶近似，对较强非线性模型可能出现不稳定或不具物理意义的结果这一缺点。并且，用蒙特卡洛模拟样本来近似第一、二阶矩，也解决了 EKF 中协方差矩阵传递的计算量问题。因此，选用 EnKF 对水文模型进行数据同化，示意图见图 6.4-8。

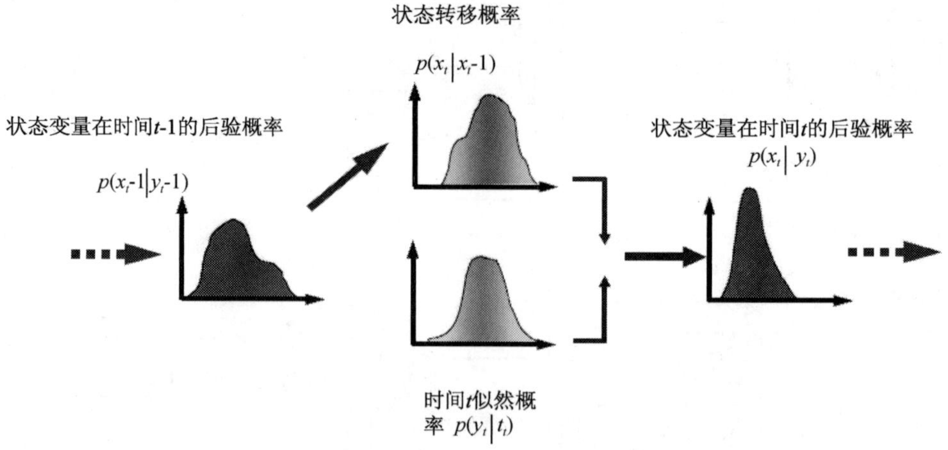

图 6.4-8　贝叶斯体系中顺序数据同化示意图

2. 贝叶斯融合模型

为了更好地考虑模型结构不确定性的影响，在小流域突发洪水预报数据驱动模型的基础上融合各种模型的优势，建立若干个有足够多样性的模型样本集，并综合多模型的预测结果进行分析。以下采用贝叶斯模型平均(Bayesian model averaging，即 BMA)来综合多个概念、物理及数据驱动水文模型的预测结果，实现多模型的融合综合小流域洪水预报。

用 $M=\{M_1,\cdots,M_M\}$ 表示一组 M 个模型构成的集合，用 $f=\{f_1,\cdots,f_M\}$ 表示这 M 个模型的预测值，用 Δ 表示要预测的量。BMA 预测模型可以表示为：

$$p(\Delta \mid f_1,\cdots,f_M)=\sum_{k=1}^{M} w_k g_k(\Delta \mid f_k) \tag{6.4-20}$$

式中：$g_k(\Delta|f_k)$表示假设 M_k 为最优模型时给定 f_k，Δ 的条件概率密度函数；w_k 为 M_k 为最优模型的概率，也即模型 M_k 的权重。权重通常通过最大化似然值的方法确定。用 q_0 表示某一时间的流量，用 $q_1,q_2,\cdots,q_M$ 表示 M 个模型分别计算得到的对应 q_0 的流量，与上式相应地有：

$$L(w \mid q_0)=p(q_0 \mid q_1,q_2,\cdots,q_M,w)=\sum_{k=1}^{M} w_k g_k(q_0 \mid q_k) \tag{6.4-21}$$

式中：$L(w|q_0)$代表给定实测流量 q_0 条件下的 M 个模型的权重 $w=\{w_1,w_2,\cdots,w_k\}$ 的似然值。通常选取一组 w 使得该似然值最大化。在求解这一最大化问题过程中，需要对$g_k(q_0|q_k)$，也即给定模型 k 预测值q_k，实测到流量 q_0 的条件概率。这里采用最为常用的正态分布假设，即

$$q_0 \sim N(q_k,\sigma_q^2) \tag{6.4-22}$$

式中：σ_q^2 为流量的测量误差，通常可由 $\sigma_q^2=(\mathrm{cov}\cdot q_k)^2$ 计算得到，其中 cov 为变异系数，即流量测量误差的标准差与实际流量的比值。

求解最大似然估计通常用期望最大化算法(EM)或全局最优化算法 SCEM-UA 来计算权重。基于不同模型的预测结果进行流量预报的贝叶斯模型平均(BMA)方法具体计算流程见图 6.4-9。

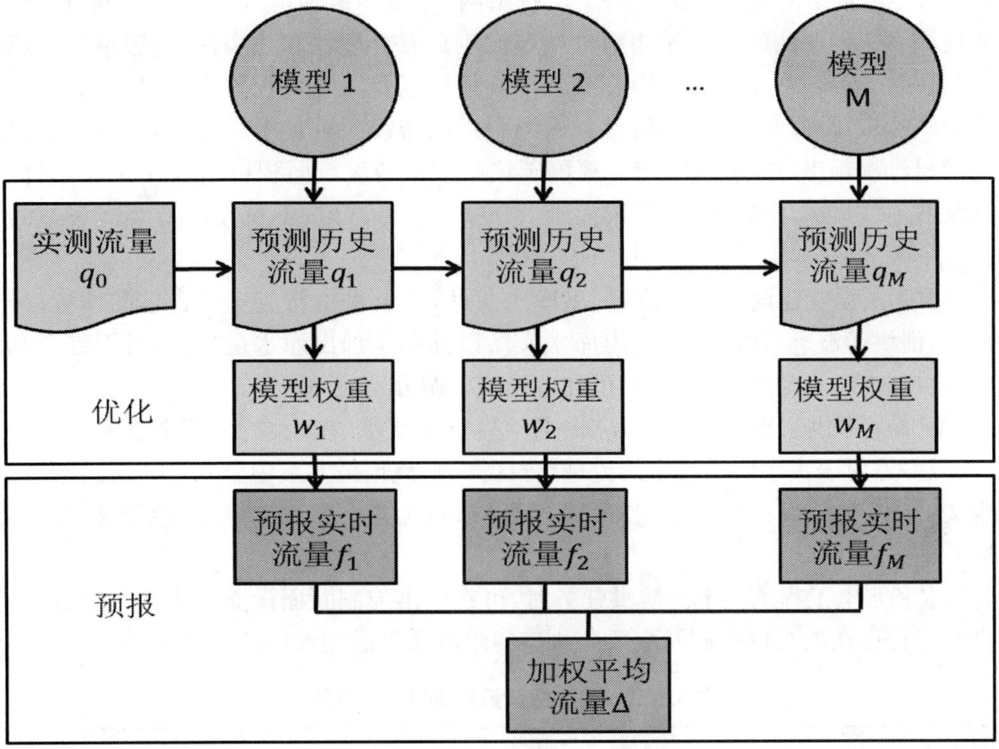

图 6.4-9 贝叶斯模型平均(BMA)

6.5 水情遥测站网设计

6.5.1 站网规划

水库水情遥测站传感器包括:雨量计、水位计、流量计、气象传感器、水质传感器等。

合理布设水情遥测站网是建设高效、优质水情自动测报系统的第一步。水情遥测站的布设不仅关系到系统建设的规模和投资,而且关系到洪水预报精度、防洪调度的科学合理性及系统的运行和维护。因此,站网布设应遵循科学合理、经济可行、管理维护方便的原则,使拟定的遥测站网密度恰当,分布合理,采集到的实时水情信息具有很好的代表性。水情遥测站网布设原则有:

(1) 遥测站网布设应密切结合本流域的特性,反映流域暴雨洪水特性。遥测水文(水位)站应能满足工程运行调度所需要的水位流量等信息要求;遥测雨量站网应能正确反映各类型暴雨及暴雨中心的分布规律,能够求得足够精度的面平均雨量值。测站设置应考虑交通方便,便于通信组网、建设和运行维护,还应避开可能发生坍塌、滑坡和泥石流等不安全因素的区域。

(2) 遥测雨量站网布设应充分利用现有站网,包括国家和地区的水文站网以及已建成的水文遥测系统的遥测站网。遥测雨量站布设应具有合理性和代表性,一般情况下应均匀布站,但流域干支流、常见的暴雨中心或暴雨高值区以及不同高程均应布设测站,所布设站网能够反映流域暴雨的空间分布特性。遥测雨量站布设应满足平均雨量计算的精度要求,同时应满足洪水预报方案精度要求。遥测雨量站数量与流域面积可按表 6.5-1 选择,偏远山区和湿润地区可取下限,测区面积大于 3 000 km^2 时,可按不低于 300 km^2 一站的密度布设。

(3) 水库工程应建设坝上水位站、出库水文站,坝上水位站应选择合适的位置,避开受水库放水、泄洪等波动影响的区域;出库水文站以控制全部出库水量为宜;对于综合利用的水库,因出口较多、不易集中控制时,可在各出口下游分别建站。

(4) 配置河系洪水预报方案时,应根据预报方案要求,在流域上、下游逐河段设立遥测水文(水位)站;对于集水面积较大的流域,分区产、汇流预报方案中分区干、支流控制站可设遥测水文(水位)站;系统覆盖范围为部分流域时,上游入流控制断面应设遥测水文(水位)站。

(5) 水利水电工程承担下游防洪任务时,可在防洪控制断面设立遥测水文(水位)站;灌溉和供水工程可在取水口断面及主要分水口门附近布设遥测水位站。

表 6.5-1　雨量站数量和流域面积查算表

面积(km^2)	<10	20	50	100	200	500	1 000	1 500	2 000	2 500	3 000
雨量站数	2	2～3	3～4	4～5	5～7	7～9	8～12	9～13	10～14	11～15	12～16

6.5.2　站网论证

站网论证是在站网规划的基础上,以定量分析方法确定站网数量,合理确定遥测站位置。

(1) 以面雨量作为目标函数进行站网论证

主要是通过比较各站网布设方案平均误差来确定站网数量和分布。计算面平均雨量可用等值线法、泰森多边形法、算术平均法、两轴法等,计算中宜用暴雨等值线计算的面平均雨量作为近似真值,所选择的雨量样本应考虑不同的暴雨成因和量级的暴雨。

抽站法是利用较多雨量站资料,计算面平均雨量,然后用较少雨量站资料(包括日雨量与时段雨量)重新计算面雨量,计算抽样误差,探讨布站密度与抽样误差之间的关系,求出满足精度要求的布站数量。如某流域集水面积 16 166 km^2,雨量站点较密,采用抽样法进行面雨量分析,具体成果见表 6.5-2。

由表 6.5-2 可知,随着站数的减小,误差越来越大。结合模型方案分析后,该系统选取 28 站作为优选方案。

表 6.5-2　某流域 5 d 面雨量比较表

起始时间	33 站		30 站		28 站		25 站	
	面雨量/mm	误差%	面雨量/mm	误差%	面雨量/mm	误差%	面雨量/mm	误差%
1957-07-06	60.4	0	60.2	−0.3	59.6	−1.3	61.8	2.3
1959-08-17	43.7	0	44.1	0.9	44.1	0.9	45.2	3.4
1962-07-27	72.6	0	72.3	−0.4	72.8	0.3	74.6	2.8
1964-09-13	67.4	0	67.6	0.3	66.7	−1.0	64.3	−4.6
1966-09-14	83.9	0	84.2	0.4	83.1	−1.0	79.2	−5.6
1968-09-09	95.8	0	95.3	−0.5	94.6	−1.3	92.8	−3.1
1972-08-31	57.6	0	56.9	−1.2	58.3	1.2	58.2	1.0
1976-08-25	99.2	0	100.3	1.1	99.4	0.2	97.5	−1.7
1981-08-21	100.2	0	99.8	−0.4	99.8	−0.4	99.3	−0.9
1985-09-14	58.8	0	59.2	0.7	59.2	0.7	54.5	−7.3
平均误差				0.6		0.8		3.3

(2) 以洪水预报精度作为目标函数进行站网论证

主要是通过比较各站网布设方案的洪水预报精度对站网布设数量、位置进行定量分析，一般以相对误差 20%为标准。

以现有水文站作为预报断面，将流域分成若干子流域，对每 1 块再细分单元块，对每个子流域块利用降雨产流模型，根据历史水文资料，作降雨、蒸发、土壤含水量、水源分配和消退、单元河网单位线及河槽汇流等分析，率定各子流域有关参数，在达到一组调试最佳参数的条件下，分析计算与实测拟合成果，探讨遥测站点对暴雨控制的代表性。改变各子流域模型参数进行率定计算，组成多种站网方案，再分析其洪水过程拟合程度，从而求出满足精度要求的布站数量。

比如某流域根据水文站点分布情况，将流域分成 7 块，又按面积大小、雨量站点等，将各块再分成几个单元，以便考虑降雨分布不均的影响和单元块之间的汇流差异。本系统共分 34 个单元，单元划分情况及雨量站点数见表 6.5-3。

表 6.5-3　某流域遥测雨量站模型论证成果表

流域	站名	流域面积 (km^2)	单元个数 (个)	原有雨量站数 (个)	拟选遥测雨量站数 (个)	采用洪水资料场次 (场)	洪峰合格率 (%)
吴旗	吴旗	3 408	4	14	7	15	90
志丹	志丹	774	1	6	4	12	95
志丹、志丹至刘家河	刘家河	3 143	5	6	3	11	85
刘家河、张村驿至交河口	交河口	5 140	6	11	6	8	87

续表

流域	站名	流域面积（km^2）	单元个数（个）	原有雨量站数（个）	拟选遥测雨量站数（个）	采用洪水资料场次（场）	洪峰合格率（%）
张村驿	张村驿	4 715	7	11	5	9	94
黄陵	黄陵	2 266	3	8	4	9	94
交河口、黄陵至状头	状头	5 708	8	14	8	14	83

从实测资料中选用多场降雨和洪水过程率定新安江模型参数，然后推求在拟设遥测雨量站点条件下的各控制点洪水过程，与实测洪水过程比较，分析拟合程度，分析成果见表 6.5-3。

从表 6.5-3 可以看出，定量论证后拟选的 37 个雨量遥测站点，用分散性预报模型计算的洪峰精度能满足精度要求（以场次洪水的洪峰相对误差不大于 20% 为合格标准）。

6.6 水文遥测系统通信组网

6.6.1 通信组网概述

水文遥测信息采集传输系统的通信组网设计，应结合所处流域内的气象条件、自然地理环境、现有通信资源、供电状况等具体情况，因地制宜地选择、确定组网方案，以保证系统的实用性、可靠性和经济性。根据通信方式不同，通信组网方案差别较大，测站到中心站之间的组网形式多为星型结构。在信道、设备设计中，应选择专网/公网相结合的原则，并充分利用现有的通信资源和设备。

随着现代通信技术的迅速发展，超短波（UHF/VHF）、GSM 短信、GPRS 业务、卫星等通信方式已为水情自动测报提供了基本技术条件，并在水情自动测报系统中得到了广泛的应用。

6.6.2 UHF/VHF 超短波通信组网

6.6.2.1 UHF/VHF 超短波通信组网的概念

UHF/VHF 频段超短波是一种地面可视通信，其传播特性依赖于工作频率、距离、地形及气象因子等因素。国家无线电管理委员会将 230MHz 的频段划分给水利数据通信专用，目前我国国内已建系统的超短波频率大多在 150～450MHz 之间，它主要适用于平原丘陵地带且中继站数目少、中继级数较少的水文遥测系统。应用 UHF/VHF 频段超短波通信方式通信具有通信质量较好、设备简单、投资较少、建设周期短、易于实现、无通信资费的优点。但是若在长距离、多高山阻挡情况下使用此种通信方式传输水文遥测数据，所需中继站数目及中转次数将明显增加，从而导致设备、土建成本的增加，系统可靠性下降，中继站址交通条

件差还会给建设、安装、维护带来困难。

典型的超短波通信网络是一种树型结构的网络，如图 6.6-1 所示。

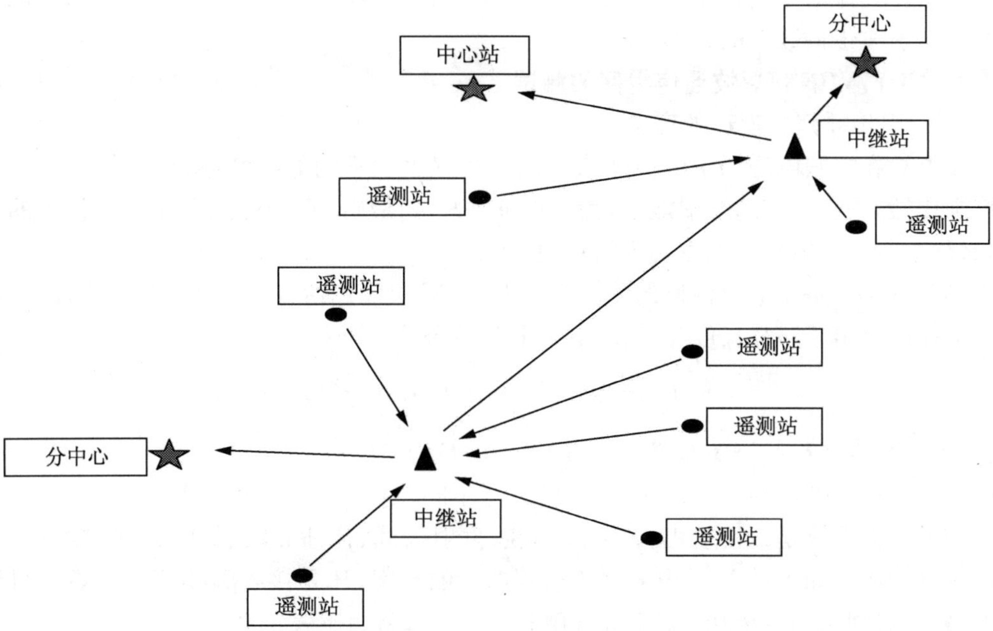

图 6.6-1　典型的超短波通信网络

系统不建议采用多级中继，通过建立集合转发站变换数传信道是避免多级中继的有效途径。

在调制解调器的应用上，我国大部分 UHF/VHF 水文遥测系统采用 FM-FSK 进行数据调制，即调频—移频键控，数据传输采用异步方式。数据传输速率和副载波的选择参照以下的标准要求：

通信速率在 300 bps 时，依据 CCITTV2. 1 标准，副载波传号“Mark”为 980 Hz，空号“space”为 1 180 Hz。

通信速率在 1 200bps 时，CCITT V2. 3 标准，副载波传号“Mark”为 1 300Hz，空号“space”为 2 100Hz。

在电气标准上，副载波传号“mark”对应“1”，空号“space”对应“0”。

将副载波再调制到 VHF/UHF 载波上，就实现了高频无线电在空间电磁场中的传播。数据的解调过程是数据调制过程的逆过程。

由于超短波信号利用空间电磁波有限的频点资源进行数传，所以存在数据在空中受到干扰的情况，因此超短波系统一定要引入通信检、纠错等差错控制办法，保证系统误码率低于 10^{-4}。目前，信道编码一般采用 BCH 编码技术，生成多项式为：$X^7+X^6+X^5+X^2+1$。

超短波系统需要更高的数传通信速率时，还有 DPSK、MSK 等调制解调方式。

在数传收发信机的选择应用方面，已大量地选择整机电台，部分电台内置数据调制解调器，没有内置数据调制解调器的，遥测站终端设备中必须包含。部分超短波水文遥测系统的发信站仅使用超短波发射机模块，收信方仅使用超短波接收机模块，相应地降低了应用成本。

更远的遥测站点,传输路径中地形阻挡严重的站点,信号只能通过设立中继站的方式进行接力传播。具体的组网还要参照无线电路测试报告。遥测站附近有高山存在时,也有利用无线电反射波传输数据的情形。

6.6.2.2 UHF/VHF 超短波通信组网的测试

1. 无线电传播路径损耗的定义

无线电波在空间电磁场中的传播依不同的频率表现不同的特性,超短波频率基本上以视距范围传播,兼有一定的绕射能力,为了保证超短波系统站点与站点之间信号传输的稳定可靠,必须进行无线电路组网中的无线信道测试。

现场测试主要是测电波传播的路径损耗 L_b,路径损耗包括自由空间损耗及附加损耗,自由空间损耗仅决定于路径长度和工作频率,其计算公式如下:

$$L_o = 32.45 + 20\lg D + 20\lg F \tag{6.6-1}$$

式中:L_o为自由空间损耗,dB;D 为路径长度,km;F 为工作频率,MHz。

但附加损耗是随机的,每条通信线路的地形不同,附加损耗也就不同。

一个无线电系统是由发射机、发射端馈线、发射天线、传播介质、接收天线、接收端馈线以及接收机构成。如果设 P_t是由发射机送到馈线的功率,P_r是接收天线的馈线终端得到的接收信号功率,则总的系统功率损耗 L_s(用分贝表示),就由下式定义:

$$L_s = 10\lg(P_t/P_r) = P_t - P_r \tag{6.6-2}$$

忽略馈线的失配损耗,路径损耗 L_b可由下式给出:

$$L_b = P_t - P_r + G_t + G_r - L_t - L_r \tag{6.6-3}$$

式中:L_t、L_r为连接发射天线和接收天线的馈线损耗;G_t、G_r为发射天线和接收天线的增益。

2. 路径损耗 L_b的理论估算方法

遥测系统大部分建在山区,流域内高山耸立,地形较为复杂。通信均为山峰绕射模式,对于这种电路可以采用半无限大金属导体屏来代替刃形的山峰,计算是根据惠更斯—费涅尔原理,衰减因子可写为:

$$V = \frac{1}{\sqrt{2}}\{[C(\infty) - C(\nu)]^2 + [S(\infty) - S(\nu)]^2\}^{\frac{1}{2}} \tag{6.6-4}$$

$$C(v) = \int_0^v \cos\left(\frac{\pi}{2}t^2\right)\mathrm{d}t$$

其中,$C(\nu)$和 $S(\nu)$分别为下列费涅尔积分:

$$S(\nu) = \int_0^\nu \sin\left(\frac{\pi}{2}t^2\right)\mathrm{d}t$$

而绕射参量 ν 表达为:

$$\nu = -H_c\sqrt{\frac{2}{\lambda}\left(\frac{D}{d_1 d_2}\right)} = -\sqrt{2}\,\frac{H_c}{F_1}$$

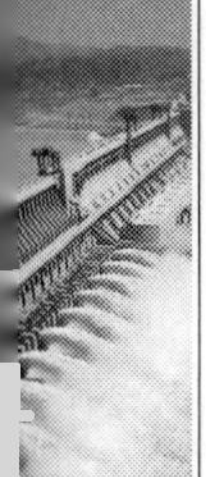

式中：F_1为第一费涅尔半径；H_C为传播余隙；D 为总路径长度；d_1和 d_2为路径某点到发射端和接收端的距离。

如果遇到多个山峰，山峰之间的距离较远，必须分别研究每个障碍物的绕射，可以近似认为衰减因子是每个障碍物单独引入的衰减乘积。即：

$$|V| = \sum_{i=1}^{n} |V_i| \ (\mathrm{dB})$$

式中：n 是路径中障碍物个数；$|V_i|$是第 i 个障碍物在没有其他障碍物时引入的衰减因子值。

3. 路径损耗的测试方法

对于路径损耗 L_b的实际测试方法，我们使用场强仪直接进行测量，它是由一个发射站和一个接收站组成，发射站发射无调制的载频信号，经过直通式功率计由天线发射出去，接收站配有同一频率的电台，另外，配有场强仪一台。双方电台联络上后，再将馈线转接到场强仪上测量场强，每一次测量都用功率计读出输出功率值，得到的数值通过 L_b的公式算出。

根据实测数据推算出的信道余量等参数对超短波站网建设有实际的指导意义。无线电路测试结果中还将给出各站天线配置、悬挂高度、方向角等系统建设所需的必要参数。

6.6.3 GSM 和 GPRS 通信组网

GSM 是全球移动通信系统，原称泛欧数字移动通信系统，现已发展为具有全球性通信标准的通信网络。近几年来国内 GSM 网络的信号覆盖、技术平台支持和各项增值业务的扩充均有飞速的发展，这为我们开展水文遥测信息传输创造了基础条件。

GSM 公网通信具有网络稳定可靠、通信费用低、基本不受地域限制的优点，其最大的好处是设备体积小，安装在室内，没有引雷部件，不需要作防雷处理。因此它在水文数据传输通信方面可以被认为是一种首选的通信方式。

根据 GSM 数据传输原理，系统不需要建设像超短波那样的中继站。

短消息业务与话音传输及传真一样同为 GSM 数字蜂窝移动通信网络提供的主要电信业务，它通过无线控制信道进行传输，经短消息业务中心完成存储和前转功能，每个短消息的信息量限制为 140 个八位组(7 比特编码，140 个字符)。传送短消息业务的控制信道为专用控制信道(DCCH)，DCCH 为点对点双向控制信道，包括独立专用控制信道(SDCCH)，快速随路控制信道(FACCH)和慢速随路控制信道(SACCH)。

短消息业务(Short Message Service)是 GSM 系统中提供的一种 GSM 手机之间及与短消息实体(Short Message Entity)之间通过业务中心(Service Center)进行文字信息收发的业务，其中业务中心完成信息的存储和转发功能。短消息业务可以认为是 GSM 系统中最为简单和方便的数据通信方式，它不需要附加其他较为庞大的数据终端设备，仅使用手机就可以达到进行中、英文信息交流的目的。由于作为公网的 GSM 网络具有覆盖面广、网络能力强的特点，用户无需另外组网，在极大提高网络覆盖范围的同时为客户节省了昂贵的建网费用和维护费用，同时，它对用户的数量也没有限制，克服了传统的专网通信系统投资成本大，维护费高，且网络监控的覆盖范围和用户数量有限的缺陷。利用 GSM 短消息系统进行无线通信还具有双向数据传输功能，性能稳定，为远程监控设备的通信提供了一个强大的管理支持平台。

系统特点有：

(1) 先进性：采用先进的 GSM 技术。GSM 技术作为第二代(2G)移动通信技术的主流得到了迅速的发展，GSM 移动网络在我国已经具有非常广泛的覆盖范围。同时随着移动通信技术的发展，GSM 网络也在不断地向前发展，如已经在 GSM 网络技术基础上实现了基于分组的 GSM 数据通信业务，并且继续向 3G 方向发展。因此，采用 GSM 移动通信技术实现水文监测系统的远程通信是具有先进性的。

(2) 可靠性：GSM 移动通信网络作为一个商用的电信运营级网络，其可靠性是相当高的，电信运营商在建设网络时已经充分考虑了网络的可靠性和稳定性，信息发送和接收安全可靠，不会丢失。因此采用这种商用可靠的网络作为我们应用系统通信支持平台，其可靠性是非常有保障的。

(3) 实用性：GSM 作为一个成熟实用的网络，已经为广大的用户提供服务，其满足用户需求，实现资源共享，信息交流，提高业务能力和工作效率的实用性是显而易见的。

(4) 经济性：首先，采用 GSM 移动通信方式在网络建设上不需要投入，也不用租用通信线路，GSM 收发器系统可以采用目前免月租费的 SIM 卡，现在移动开户费用已经取消；其次，根据移动公司短信息的收费标准，发送一条信息的费用为 0.1 元，接收者不收费，因此，对本系统来说，每月的实际使用费应是：(0.1×发送消息总条数)元。这种系统运行通信费用与其他通信方式相比具有非常好的经济性。

GSM 的组网结构是星型结构。GSM 水文遥测系统建设的限制条件是在信号不覆盖的地点则无法建站，此时需要通过其他通信手段来弥补。

GPRS 网络是在公用移动通信网 GSM 网络之上，新增两个节点 SGSN(服务 GPRS 支持节点)和 GGSN(网关 GPRS 支持节点)而形成的移动分组数据网络。GPRS 网络克服了 GSM 网络中电路交换速率低、资源利用率差等特点，最大限度地利用了现有的 GSM 网络资源，提高了传输速率。而且 GPRS 支持基于标准数据通信协议的应用，可以和 m 网、x.25 网互连互通，支持特定的点到点和点到多点服务，对不同的服务有不同的优先级、可靠性、延迟标准和数据速率，可根据实际灵活选择服务质量参数为用户提供服务，从而使 GPRS 能很好地支持频繁地、少量突发性数据业务。如果采用 GPRS 通信方式，每个监测站传送数据每月只需支付少量的通信费用，除可正常传送监测数据外，还可传递视频监控信号。GPRS 模块还可以实现一点双发，如将现场监测站监测到的数据同时发往两个监测中心。

6.6.4 卫星通信组网

卫星通信具有传输距离远，通信频带宽，传输容量大，组网机动灵活，不受地理条件的限制，建站成本及通信费用与通信距离无关等特点。目前可以利用的卫星通信方式有北斗卫星通信、VSAT 卫星通信、海事卫星通信和全线通 SCADA 卫星通信系统。

北斗卫星导航系统是基于我国自主知识产权的第一代卫星导航定位系统建立的，它由工作星、备用星组成，是可全天候、全天时提供卫星导航信息和通信服务的通信导航系统，可在我国及周边广大地区，为公路交通、铁路运输、海上作业、水文、气象等领域提供定位及数据通信服务，信号覆盖全国。

北斗卫星导航系统基本业务功能包括：定位信息、短信息通信、精密授时和GPS差分信息广播，增强功能包括群、组呼和遇险安全告警。该系统由空间卫星、地面控制中心站和用户终端3部分组成。空间部分由两颗地球同步卫星组成，执行地面中心站与用户终端的双向无线电信号的中继任务，所以又称双星系统。地面控制中心(即网管中心)负责无线电信号的发射和接收，及整个工作系统的监控管理，负责系统内用户的登记注册、识别、数据处理和运行管理。用户终端是直接由用户使用的设备，用于接收发送经卫星转发的地面中心站的各种信息。

北斗星导航系统提供的上述业务功能可应用到水文遥测系统中来，建立水文卫星遥测系统。与建立水文遥测系统相关的主要技术参数有：

(1) 地面站至卫星至终端(出站信道)：扩频/时分/多路，C波段，出站速率有31.25 kb/s、62.5 kb/s(标称)、125 kb/s等多速率选择。

(2) 终端至卫星至地面站(入站信道)：扩频/时分，码分/多址，S/L波段，入站速率15.625 kb/s

所谓时分/多路体制即地面站以一定帧周期的信号形式连续在不同出站波束上发送信号。采用该体制可以在正向链路中避免系统内部干扰，使用户终端设备简化。

采用扩频通信机制易于实现码分多址，提高抗干扰能力和信息传输容量。采用北斗卫星遥测设备组成的水文遥测系统具有如下特点：

(1) 卫星通信设备集成度高，天线尺寸小，安装简单，可缩短建设周期。

(2) 系统设备功耗低，可用蓄电池和太阳能浮充组合供电。

(3) 使用L波段通信，与Ku波段通信相比，基本不受雨衰的影响。

(4) 通信费用按每次发送的包计费，其可与电话一样实现月租，运行成本较低，不需申请专用信道，适合水文信息数据量小、信道利用率低的特点。

(5) 传输时效及速率快，有3种时效保证。

(6) 系统采用点对点或点对多点的通信，单个遥测站出现故障不会影响整个系统的正常运行。

(7) 在中心站可监视系统的工作状况，出现故障不用像超短波中继通信方式一样一级一级地去检查，系统维护方便快捷。

(8) 在中心站可通过远地编程，改变遥测站定时自报间隔以及传感器增量发送门限等。

6.6.5 多信道复合系统组网结构

综上所述，系统可选用的通信组网方式有超短波、卫星通信(北斗卫星，VSAT，Inmarsat等)、移动电话(GSM/SMS或GSM/GPRS)、短波信道(SW)等多种通信方式。随着国家防汛指挥系统逐步投入建设，多信道系统复合组网已越来越多地投入了实际运用。

根据系统流域的自然地理特性，区间各站点的通信现状以及组建水文遥测系统的实践经验和当今通信及网络技术的发展趋势，同时考虑到系统建成后便于运行管理，保证本系统信息流畅、有效和实用，系统建设数据传输方式推荐方案为：采用主、备用信道进行混合组网，系统配备“双信道”，互为备份。当主信道出故障时，自动切换到备用信道；主信道恢复正常时，即返回主信道传输数据。整个网络测站数据平时由主信道直接传送到中心站或分中心站，紧急情况下还可启用双信道并行工作。

信道的选择和切换在中心和遥测站的配合下进行。

例如，当超短波通信作为主信道使用时，主信道每次发送数据后均需要接收回执确认，在尝试3次以后，若仍接收不到上位机发来的回执则发出切换信道的命令启用备份信道发送数据。

作为主信道也可工作在不需要回执确认的状态（通过开关选择），应根据系统实际情况选用。

复合组网还包括分中心（或集合转发站）到中心的通信网络，也有多信道的特征。

6.7 水文遥测系统工作体制

水文遥测系统应根据功能要求、电源、交通、可应用的通信信道、信道质量和管理维护力量等条件，按照经济合理的要求，选用部颁规范中推荐的自报式、查询—应答式或兼容式工作体制。

6.7.1 自报式系统工作体制

自报式水文遥测系统在遥测站设备控制下采用随机自报和定时自报相结合的方式完成数据上报。

遥测站随机自报：每当被测的水文参数发生一个规定的增减量变化时，如雨量增加1 mm或水位涨落1 cm，且本次水文数据发送与上次发送数据时间间隔大于规定的值（如5 min）即自动向分中心发送一次数据。

遥测站定时自报：每隔一定时间间隔，不管参数有无变化，即采集和报送一次水文数据，中心的数据接收设备始终处于值守状态，定时自报报送平安报文，表明遥测站终端处于正常工作状态，这主要应用于系统设备的检查维护。

自报工作方式是在遥测站雨量、水位等参数发生一个计算单位的变化时实时将实测值传送到中心站，其遥测站通信机平时处于关机状态，终端机可使用发射模块，因此可以降低系统的功耗和成本。这种工作方式便于遥测站使用太阳能和蓄电池组合供电，结构简单，可靠性较高，实时性强，能很好地反映降雨和水位等变化的全过程。

由于各个遥测站随机发报，对于超短波遥测系统就有可能出现空中数据碰撞造成本次数据丢失，但可以通过其他的技术途径弥补，如雨量参数采用全量发送，水位参数插补处理等，根据经验，系统规模小于50个站点，同频干扰对系统建设的影响可以忽略不计。系统站点增加过多，则要增加使用频点，或变换通信信道来提高系统的畅通率。

国内大部分系统采用自报式工作体制，主要因为：

（1）自报式终端结构精简，可靠性高，由于每次发射数据时才上电工作，采集信号的时间很短（小于0.5 s），受外界干扰的概率低。

（2）自报式终端也具有自动“握手”机制，即当遥测站根据被测参数的增量变化或定时时间，自动采集并报送数据给中心站后，能够等待一段时间自动接收到来自数据通信网通信协议的应答信号，以确认本次数据通信准确无误；若遥测站在给定时间内未接收到回执确认，则能够自动重发。

（3）自报式终端也能具有主信道和备用信道自动切换功能。终端 RTU 通过主信道报送数据给中心站后，如果“握手”3 次不成功，则自动切换到备用信道报送数据给分中心。

6.7.2 查询—应答式系统工作体制

系统的数据采集由中心站来主动控制，自动定时巡测或随机召测遥测站，遥测站响应中心站的查询（或召测）命令，实时采集水文数据并发送给中心站。定时自动巡测的时间间隔，可根据系统数据处理和预报作业的需要，在 15 min、30 min 和 1、2、3、4、6、8、12 h 等间隔档次中选择。

查询—应答式工作方式中遥测站自身能对水文、气象等参数发生的变化自动采集和存储，但不主动传送给中心站。只有当中心站发出查询命令时，才将当前水文遥测参数传送给中心站，因为要接收中心站的查询命令，所以遥测站通信机处于长期守候状态，因此功耗较大。

超短波遥测系统采用查询—应答式工作方式时避免了数据碰撞，但增加了遥测站的值守功耗。

查询—应答工作方式主要用于远程设备管理和远程站点历史数据下载。

6.7.3 混合式系统工作体制

兼容工作方式具有自报、查询—应答两种工作方式的特点，既能很好地反映降雨水位等变化的全过程，又能响应中心站的查询，其缺点也是功耗较大。

系统数据采集与传输的工作体制应尽量选为自报式体制，并在某一信道上能够支持中心站召测功能。通过软件设置支持上述几种数据传输体制，无需修改硬件，能够自动或根据中心指令，在暴雨时，水位陡涨或达到警戒水位情况下，主动增加传送数据频度。

6.8 水文遥测系统基本组成及功能

6.8.1 水文遥测系统基本需求

（1）自动采集水位、降水数据，定时、适时地传输数据，最迟在 20 min 内要全部完成系统实时数据采集、处理和转发，本地水文数据可在测站存储。数据传输有主、备信道两种途径。

（2）各项设备的选择要符合结构简单、可靠、低功耗的原则，所有遥测站都能在无人值守的条件下工作。

（3）能长期地、特别是在暴雨洪水等恶劣天气条件下可靠地工作。

（4）系统定时发送时钟同步信号，保持全系统时钟同步。

(5) 数据超限告警及设备故障告警。

(6) 系统具有可靠的防雷措施。

6.8.2 中心站设备配置及功能

6.8.2.1 中心站主要功能

中心站以分布式多微机的局域网方式配置，一般系统采用客户机/服务器结构或浏览器/服务器结构。其主要功能如下：

(1) 中心站能随时接收或定时自动巡测或人工召测各遥测站的实时水情信息，并监测设备运行情况，巡测的时间间隔可在软件上任意设置。

(2) 对所接收的数据进行纠检错判别、合理性检查和实时处理，按规定格式存入数据库、自动备份原始数据，并能修改存储的数据，进行雨量、水位插补及人工置数转发；能进行分析、统计、计算、图表处理输出，满足水情值班需要的日报表、旬报表、月报表和根据防汛部门规定的其他报表。

(3) 实时显示越限参数、设备状态及告警信息。

(4) 能显示站网位置图，通信组网图，行政区域分割、流域水系等多图层选择，并在该图上显示各遥测站、各时期实时水情数据。

(5) 能查询各站雨量柱状图、水位过程线图、流量过程线图。

(6) 可将遥测水情信息编译成水情电文向上级传送。

(7) 支持实时洪水预报、防汛会商和信息发布等。

6.8.2.2 中心站主要设备与结构

中心站是数据的采集和处理中心。中心站硬件设备配置主要是通信接收设备、计算机设备和电源支持系统，通信接收设备包括天馈线、各种通信终端，如超短波电台、GSM 通信机、卫星小站等，计算机设备包括水情工作站、水情服务器、打印机等，电源支持系统包括电源避雷装置、交流隔离稳压、UPS 及后备蓄电池组等。其组成如图 6.8-1 所示。

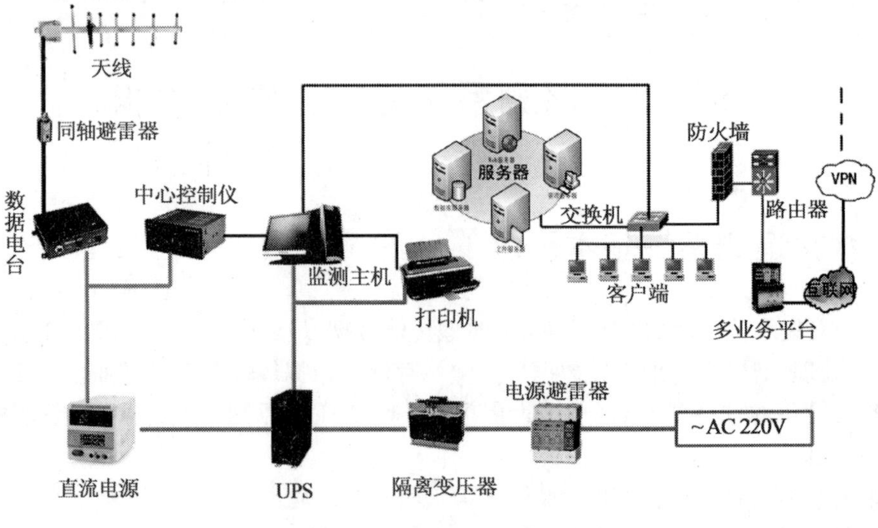

图 6.8-1 水文遥测中心站结构

一般说来一个中心站最少需要以下设备：

（1）台式商用电脑或工业电脑作为实时监控计算机（水情工作站）。

（2）所选择信道的通信终端一台或多台（双信道或多信道通信时）。

（3）中心电源避雷和供电维持设备各一套。

6.8.2.3 水情工作站

水文遥测信息的接收和处理一般采用台式工作站，因需要长期无间断运行，故要求工作站性能优良，适应长期运行的需要。

6.8.2.4 水文数据服务器

水文数据服务器主要是存贮水文遥测数据，其可靠性和安全性要求较高，在系统中极为重要，它要求常年不间断工作，因此必须选择可靠性及稳定性高的产品。

6.8.2.5 中心站电源设备

按电源接入的顺序，中心站的电源设备主要由电源避雷器、交流参数稳压器（或隔离变压器）、UPS、直流电稳压电源和后备蓄电池组等构成。

6.8.3 遥测站设备组成及功能

遥测设备选型的原则是：具有系统所要求的各项功能，满足系统的技术指标；符合国家相关专业标准；选择设计定型的、经过长期应用考核证明是稳定可靠的产品；尽量选用低功耗的产品；有一定的安全保障措施，能防止一般的破坏，在无人值守和就近管理相结合的条件下，保证整个系统长期稳定运行；各项指标符合《水文自动测报系统技术规范》（SL 61—2003）的要求。

6.8.3.1 遥测站主要功能

（1）实时数据采集及传输：实时采集水文参数，并发送至中心站；当中心站查询遥测站的实时信息时，设备自动采集数据并发送出去；可用便携式计算机提取存储的数据，记录数据应能满足水文资料整编的要求。

（2）自适应数据采集：当传感器数据在容限内变化时，按正常运行方式采集、传输数据；当水位或降雨强度达到加报标准时，可根据各遥测站报汛任务加报要求自动增加采集、发送次数。在终端站自报情况下，当主信道中断时，可自动切换到备用通信信道。

（3）具备超限报警功能和自检功能，设备定时自检，并将设备工作状态发送出去。

（4）遥测站应配置显示面板和键盘，以便人工置入非自动测量的水情参数，也可在传感器故障时人工置入水情电报进行传输。

（5）设备功耗低，采用蓄电池组和太阳能电池板组合供电方式可长期工作，在连续阴雨时仍能有效地工作。

（6）具有超时发送强迫掉电功能。

（7）应能在恶劣的天气环境下和无人值守情况下正常运行，遥测终端（RTU）可靠性指标 MTBF 应大于 25 000 h。

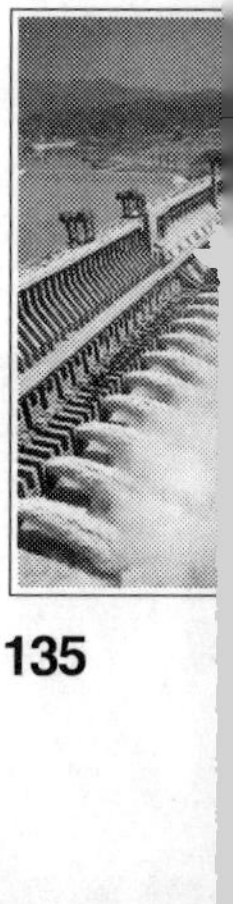

6.8.3.2 水文遥测站的主要设备与结构

水文遥测站的设备基本包括：遥测终端（RTU）、雨量传感器、水位传感器、人工置数检查器、无线调制解调器、通信机及其天馈线、太阳能电池板、蓄电池组等。其结构如图 6.8-2 所示。

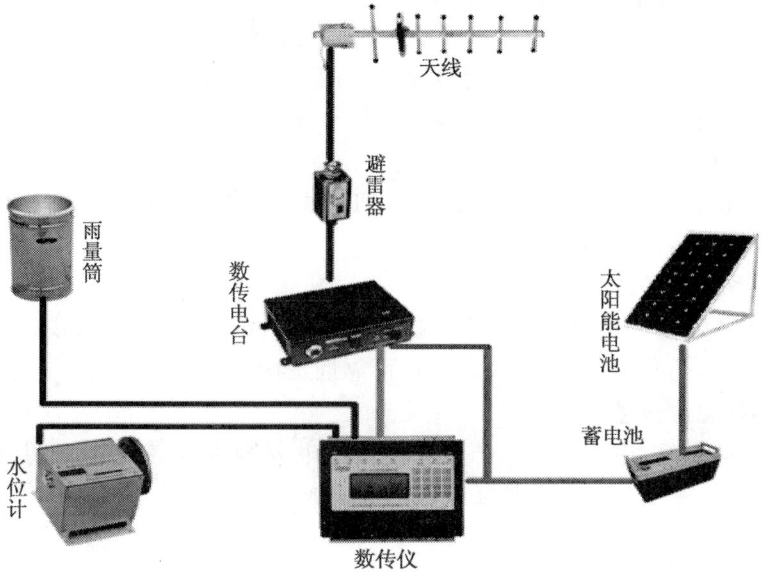

图 6.8-2　典型的水文遥测站结构

6.8.3.3　水文遥测终端机的主要功能

(1) 降雨每发生 1 mm(或 0.5 mm)的增量,遥测终端即自动采集(计数)并将雨量累计值发送出去,同时应具有合理的雨强判断功能。

(2) 定时查询水位变化,当水位发生 1 cm 以上的变化时,遥测终端即自动采集并将实时水位值发送出去,同时应具有水位变率判断功能。

(3) 为防止水位波动太大造成遥测终端发射过于频繁,遥测水位具有限时发送功能,即在一次水位发送之后的一定时间间隔之内,即使水位变幅超过 1 cm 也不发送,只有超过一定时间间隔以后的水位变化,遥测终端才采集、发送,建议的时间间隔为 5 min。

(4) 遥测站具有定时自报功能,当长时间(时间间隔可设置)没有参数变化时,遥测站将自动启动报数一次(参数可设置)。此功能应用于遥测站的平安报,方便系统诊断。

(5) 完善的 WATCHDOG 功能,支持休眠唤醒工作方式,达到降低测站功耗的目的。

(6) 具有站址设定、掉电数据保护、发送前导时间设定、存贮转发、死机自动复位、超时发送强迫掉电、电源电压告警功能。

(7) 一般应采用蓄电池和太阳能电池组合的供电方式,电池容量满足连续阴雨天气条件下供电电量的需要。

(8) 具有多个外接串行端口,所有外部接口都有抗干扰隔离能力。

(9) 具有实时时钟功能,每天定时接收分中心实时时钟广播,并自动进行时钟校准。

(10) 具有数据人工置入和直观现场显示功能,以便在特殊情况下采用“人工置数”,可将人工测量参数(如流量、流速、蒸发量、含沙量等)通过人工置数方式发送给分中心。

(11) 测站可设置参数:现场设置本站站号、起报水位、起报雨量、时钟等参数。同时显示水情参数、蓄电池当前容量、日期和时间等。

(12) 能够设置数据传输体制,包括自报式、查询—应答式或混合式;能存储一年的原始水文数据,数据可以到测站用便携机读取,也可以通过 GPRS 信道或卫星信道远程读取,当数据溢出时将自动覆盖刷新数据。

(13) 可接受中心站管理，可与中心站实现双向通信，支持远程诊断、远程设置、远程维护等。

(14) 具有多信道通信接口，以适应不同通信方式的要求。

(15) 具有主、备信道自动切换功能。

(16) 可靠性：MTBF＞25 000 h；静态值守时功耗：＜20 mA(不含通信机和传感器)。

6.8.3.4 水文遥测站传感器的选择

目前，能够实现自动遥测的主要传感器有：雨量计、水位计、流量计、水质监测仪、土壤墒情监测仪和闸门开度仪等。遥测站应根据监测项目、现场条件、工作环境、观测精度等选择相应的传感器。

雨量传感器普遍采用的是翻斗式雨量计，浮子式雨量计、容珊式雨量计、压力式雨雪量计也可用于水文遥测系统。应根据实际工程的需要、所在地区的降雨强度合理选择合适精度的雨量传感器，过高的精度要求可能会降低传感器的可靠性。

水位传感器按其传感器原理可分为浮子式水位计、压阻式压力水位计、振弦式压力水位计、恒流式气泡水位计、非恒流式气泡水位计、超声波水位计、雷达水位计、激光水位计、电子水尺等，各种型式的水位传感器的主要技术指标和适用范围见表 6.8-1。

表 6.8-1 水位传感器特性表

序号	型 式	主要技术指标	适用范围
1	浮子式水位计	分辨力≤1 cm； 量程≤40 m； 变率≥40 cm/min； 在量程变化范围内，水位的允许误差为±3 cm	能长期工作、结构简单、维护方便、准确度较高，适用于含沙量不大、引水横管淤积不严重的河流； 环境温度：0～+50℃
2	压阻式压力水位计	分辨力≤1 cm； 量程≤40 m； 变率≥60 cm/min； 在 0～10 m 量程变化范围内，水位的允许误差为±4 cm	结构简单、安装方便、土建工程量少，受环境影响大； 环境温度：−10～+40℃
3	振弦式压力水位计	分辨力≤0.1% FS； 量程：1、10、35 m； 变率≥60 cm/min； 在量程变化范围内，水位的允许误差为±2 cm	结构简单、安装方便、土建工程量少，受环境影响大，测量精度不高； 环境温度：−10～+40℃
4	恒流式气泡水位计	分辨力≤1 cm； 量程≤40 m、70 m； 变率≥40 cm/min； 在量程变化范围内，水位的允许误差为±3 cm； 最小测量周期 6 min	防雷和抗干扰性能好，结构较复杂，需要供气(氮气)源，易受大气压力变化、流速、波浪、含沙量及地理位置影响，较适用于冰下水位测量； 环境温度：−40～+80℃

续表

序号	型　式	主要技术指标	适用范围
5	非恒流式气泡水位计	分辨力≤1 cm； 量程≤15 m； 变率≥40 cm/min； 在量程变化范围内，水位的允许误差为±2 cm； 最小测量周期 1 min	性能优于恒流式气泡水位计，安装较复杂，适用于水位变幅小于 15 m 的水位测量，较适用于冰下水位测量； 环境温度：−25～+60℃
6	超声波水位计	分辨力≤1 cm； 量程≤40 m； 变率≥40 cm/min； 盲区 0.5～1 m； 在量程变化范围内，水位的允许误差为±2 cm； 最小测量周期 1 min	仪器不需要水下安装，适用于含沙量大、主流摆动冲淤变化较大的河流； 环境温度：−20～+60℃
7	雷达水位计	分辨力≤1 cm； 量程≤90 m； 变率≥40 cm/min； 盲区 0.5～1 m； 在量程变化范围内，水位的允许误差为±1 cm	仪器不需要水下安装，适用于含沙量大、主流摆动冲淤变化较大的河流； 环境温度：−20～+70℃
8	激光水位计	性能同雷达水位计，但水面需设反射体	具有量程大、准确性好的优点，但对环境要求高，安装复杂
9	电子水尺	分辨力≤2 cm； 单尺长 1 m、3 m，可设置多根	准确度较高，理论上不受水质、含沙量、水的流态影响，实际使用时防护困难； 环境温度：−30～+50℃

流量数据采集方法有流速面积法、堰槽法、水位流量关系法等。流速面积法适用于各种情况，但测量过程复杂；堰槽法需要建设用于流量测量的标准堰槽，不适合大流量测量；水位流量关系法适用于水位流量关系单一的断面。

水质自动观测仪器分为电极法水质仪和水质自动分析仪两大类。电极法水质仪应用范围较广，设备简单，易于安装，但测量准确度较低；水质自动分析仪测量准确度高，但结构复杂，价格高，野外安装难度大。

悬移质泥沙测量方法有光电测沙仪、超声波测沙仪、同位素测沙仪和振动法测沙仪等。光电测沙仪可长期工作，测量速度快，适用于低含沙量河流；超声波测沙仪与声学多普勒流速剖面仪（ADCP）结合使用，适用于低含沙量河流；同位素测沙仪工作性能稳定，测量准确度较好，自动化程度高，测沙速度快，但放射源对人体和环境有一定影响，目前应用较少。

土壤墒情传感器常用张力计式湿度仪、雷达土壤湿度仪、中子土壤湿度仪等。张力计式湿度仪使用简便，但测量准确度不高；雷达土壤湿度仪安装简单，但需要布设高频电缆；中子土壤湿度仪测量准确度较高，应用较普遍。

6.9 水情遥测系统中心站软件

水文遥测系统软件由系统软件和应用软件组成，系统软件包括操作系统、数据库软件、防病毒软件及防火墙等系统软件，应用软件包括数据接收处理软件、数据整编软件、洪水预报及优化调度等软件。

水文遥测系统软件应根据系统规模和任务，以安全、稳定、可靠为目标，选择合适的软件配置，拟定软件功能。

6.9.1 系统软件

应选择具有多用户、多任务并被广为采用的操作系统，应根据应用软件开发的需要，选择适宜的软件工具和数据库，同时应配置保障系统和数据安全的软件。

6.9.2 应用软件

应用软件由数据接收与处理、数据管理、数据整编、水文预报、优化调度、水务计算、远程传输等功能模块组成。系统应根据任务和需要，进行功能模块的配置，确定应用软件逻辑关系和数据流程。

1. 数据接收与处理软件

应能实时接收遥测数据和其他水文信息，进行合理性检查，可插补缺测数据；对实时接收信息进行分类处理，实时写入数据库；完成信息查询、数据统计分析和成果输出；数据接收与处理软件可根据系统需要处理水情电报和其他系统传入的数据，并纳入统一的数据库中。

2. 数据管理软件

应具有建立数据库系统、管理数据，并对其进行合理性检查的功能；支持网络用户的访问和数据库安全管理；对水情、雨量及其他参数的信息进行分类存贮；可实时监测数据库中各种参数的变化信息，进行越限报警；可建立具有对数据库进行初始化、数据备份和恢复等数据库管理功能，保证数据库安全和数据的一致性。

3. 水文预报

应能实现流域水文预报、相关参数查询、修改；按照水文预报方案要求进行数据处理，包括时段数据、日平均值、面平均雨量计算等；可与实时数据或历史数据库相连，雨量、水位、流量等可进行动态刷新。进行图形、数据输出；完成预报作业及预报信息的查询、成果输出；优化调度软件应能进行洪水调节和兴利调节计算。

4. 水务计算软件

应具有入库水量还原计算，日平均库水位、时段库水位统计计算，基本参数输入、查询、存贮等功能；多媒体软件应包含流域概况、工程任务、工程特性、遥测系统概况等展示功能；远程传输软件应具有数据格式转换、预留信息交换接口、实现与相关部门信息共享的功能。

6.10 水文遥测系统土建

水文遥测系统的中心站大多设在工程管理部门的办公楼或调度楼内，一般不需要进行站房建设，但中心站用房应满足设备能长期稳定工作的环境、供电、消防等要求。站房室内装修应选择不起尘、易清洁材料，机房应铺设表面抗静电的活动地板；当机房内设有用水设备时，应设置防渗漏设施；供电线路要相对独立，并设置必要的灭火设施。

6.10.1 雨量遥测站土建

雨量遥测站的土建按其结构型式的不同，可分为架式、筒式和站房式，各有优缺点。

架式遥测站是将所有遥测设备和仪器安装于制作好的支架上，可采用铁制支架，或水泥电杆支架。筒式遥测站多采用密封铝合金筒式结构，其基础埋深要考虑南北方差异，北方地区应埋在冻土层以下。如图 6.10-1 所示。这两种安装型式的优点是土建费用较低，便于安装，但不利于防盗和人为破坏。

图 6.10-1 架式、筒式遥测站

雨量传感器要安装在远离树林及高层建筑物的雨量观测场，并应经常清理，保持清洁。

6.10.2 水位遥测站土建

水位观测站的布置形式，按其在断面上的位置可分为岛式、岸式和岛岸结合式，如图 6.10-2～图 6.10-4 所示。岛式布置形式适用于不易受冰凌、船只和漂浮物等撞击的测站；岸式布置形式可以避免冰凌、船只和漂浮物等的撞击，适用于岸边稳定、岸坡较陡、泥沙淤积较少的测站；岛岸结合式布置形式兼有岛式、岸式的特点，适用于中、低水位易受冰凌、船只和漂浮物等撞击的测站。

采用超声波、雷达等非接触式水位计和压力式水位计等无测井水位遥测站，土建方案可灵活多样，应结合当地条件和仪器设备的技术要求，因地制宜地进行选择。

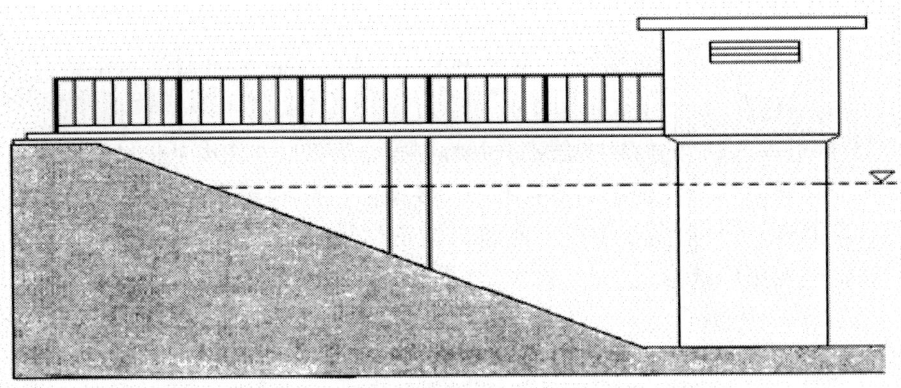

图 6.10-2　岛式水位遥测站

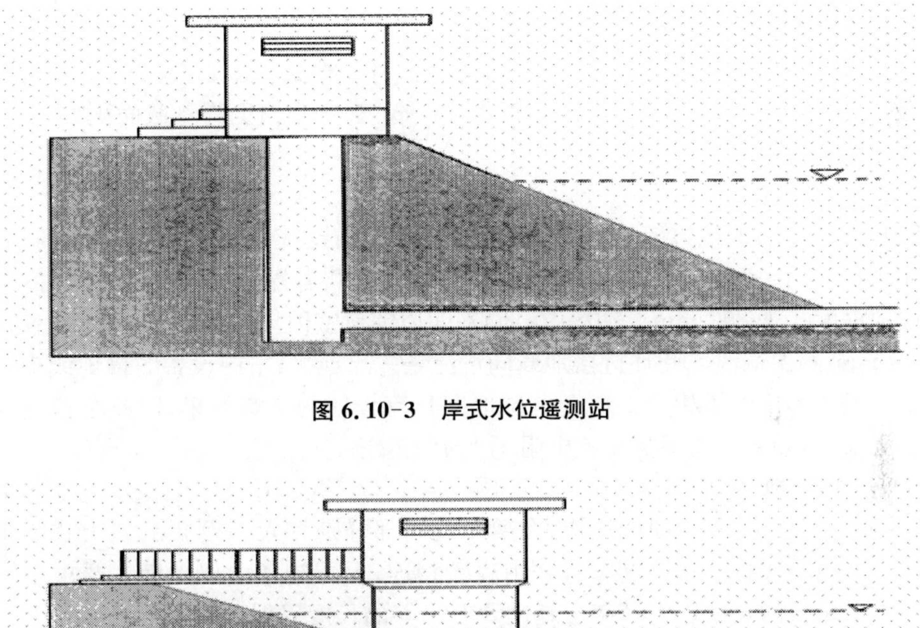

图 6.10-3　岸式水位遥测站

图 6.10-4　岛岸结合式水位遥测站

6.10.3　电源与防雷

1. 遥测站电源配置

遥测站因其功耗较低、易受雷电干扰等，电源配置宜采用太阳能蓄电池组浮充供电方式，不宜使用交流电源。

2. 防雷

雷电流主要是由于其热效应、机械效应、电磁感应、行波和干扰等对通信系统造成破坏，所以应采用以下隔离措施。

信号隔离：对外部进入 RTU 的信号线全部采用光电隔离，有效防止雷电从信号口进入设备。

电源隔离：对中心站使用交流电的设备，除要求接地电阻降到规定的值外，还采用隔离变压器、净化稳压等措施，有效避免从电源回路进入雷击信号对设备产生损害。

整机屏蔽：对整机采用屏蔽措施，外壳接大地，形成等电位屏蔽体。

3. 几种常用的防雷地网结构

(1) 板材接地地网

选用 1 400 mm×1 000 mm×5 mm 的铜板，用截面积大于 14 mm^2 的铜线在上面焊 2 个端点引出。铜板平放埋设，深度 0.8 m 左右。在较好的土壤条件下，此地网的接地电阻可小于 5 Ω 左右。

(2) 矩形二次重复地极网

在地面上呈“日”字形挖 0.8 m 左右深的壕沟，将 6 根长 2.5 m 的 ϕ40 的锌管在拐角处打入地底，上用 7 根长为 2.5～5 m 的扁钢焊在一起，在锌管边上焊一截面积大于 14 mm^2 的铜线作为地线的引出线。

(3) 均衡电位地网

在墙基 1 m 左右的地方下挖 1 m 左右深的壕沟，铺设直径为 12～15 mm 的钢筋(扁铁更佳)，并向地网的四面八方铺设 8 根辐射状金属杆，并将各端焊接起来，杆长约 3～5 m。整个地网埋地深度大于 800 mm。站房内沿墙基四周铺设室内环形接地线，接地线使用截面积不小于 10 mm^2 的裸铜线。此环行接地线同汇流条多点连接，室内设备的接地线应以最短的距离与室内的环形接地线相接。均衡电位地网具有较佳的避雷效果，因此对地网的接地电阻的要求比较低，即要求地网的接地电阻不大于 10 Ω。

(4) “一”字形地网

挖一条 1 m 深，3～5 m 长的壕沟，在两端及中部分别打入一根 2 m 以上长度角铁或直径为 12～15 mm 的钢筋(扁铁更佳)，并用扁铁相连，上焊铜条引出地面。要求角铁之间的距离必须大于角铁的长度。“一”字形地网要有足够的长度以保证接地电阻不大于 5 Ω。

4. 避雷针

为防止雷电电流进入遥测系统，损坏设备，必须严格抑制雷电感应和雷击的发生。合理地安装避雷针装置，建设良好的接地网，采取隔离措施，可减少雷电的损害。

(1) 安装天线的铁塔应装置避雷针，铁塔、地网之间应焊接可靠。

(2) 避雷针上端应加工成针尖形，以利尖端放电，并作镀锌处理。

(3) 避雷针的最高点应比天线顶端高出 3～5 m 以上。

(4) 避雷针的保护范围为 35°～45°角锥体内，站房和站房顶上的设备应在避雷针的保护范围内，如达不到这一要求，应单独设立避雷针。

要使避雷针获得较好的效果，必须使引导放电的路径短，电阻小。因此要求避雷针做得越直越好，接地电阻越小越好。

通常定型生产的铁塔均有安装避雷针的产品，对于用螺丝组装的铁塔，应当用专门的避

雷针引线连接到接地体，对于整件或连接良好的铁塔，也可把塔身作为引下线，在塔基部分与接地体相连。

普通避雷针和引线采用 ϕ4 以上的铜包钢线，也可采用镀锌钢线，连接线可采用 14～22 mm^2 的铜线，在塔较高，雷击频繁地区，避雷针可由 5 根上述材料扎成一把，向上分叉，然后用上述引线引入地下与接地体相连。

5．避雷针接地体

为了使系统具有较好的防雷性能，要求避雷接地电阻≤5 Ω。为了满足上述要求，地网施工应按以下步骤进行。

(1) 地网埋设深度以离地表 0.6～0.8 m 为宜。

(2) 根据地网设计图开挖地沟，打入垂直接地体，铺设水平接地体，用电焊连接各接地体后，用电阻表测量接地电阻值，如大于设计值，则应扩大接地网，增加或延长接地体长度。

(3) 如电阻仍然降不下来，在地沟中可加入木炭粉、石墨粉、金属屑、铁矿粉、稀土或长效降阻剂，然后填土夯实。

(4) 若附近有电阻率较低的土壤，可铺设外引接地体。

(5) 若地下深处的土壤电阻率较低，可采用井式或深钻式接地体，再使用长效降阻剂。

(6) 避雷接地体应采用正交法铺设，减少雷电耦合。

(7) 设备接地网和避雷接地网原则上应分开铺设，两地网以远离为好，最小距离不得小于 5 m。

6.11 水文遥测系统运行管理

(1) 应配备包括通信、计算机及水文等方面专业人员在内的专职管理人员，负责系统的运行管理和维护，保证系统可靠运行。

(2) 加强技术培训，系统运行维护人员应能熟练掌握运行维护技术。

(3) 系统运行管理工作内容主要包括：

① 制定运行管理规章制度和操作规程。

② 委托管理。遥测站、中继站应委托专人看管，防止遭受人为破坏。

③ 值班操作。系统运行应定人定岗按照操作守则进行值班操作。值班人员应监视系统的工作状况。发现问题应尽快采取措施予以解决。

④ 日常维护。应保持机房和环境的整洁；清理积在雨量器承雨器中的杂物以及水位测井进水口的水草、淤沙；维护系统的工作环境；定期校核水位、雨量等数据准确度。

⑤ 定期检查。通常应在汛前、汛后对系统进行 2 次全面的检查维护。在系统投入运行的前 2～3 年要适当增加定期检查次数。应对遥测站、中继站设备的运行状态进行定期全面检查和测试，发现和排除故障，更换存在问题的零部件。

⑥ 不定期检查。应根据具体情况进行不定期检查，包括专项检查和检修，或全面检查。

⑦ 维修。野外站一旦出现故障，通常应由中心站派人排除。中心站应储备必要的备件和配备专用车船，尽快更换部件、排除故障。完成修理任务后，应把故障部位和性质、更换部件和排除故障所用时间等记入技术档案。

(4) 落实运行维护资金。系统每年的运行维护费用，可按系统总投资的 5%左右估算。

参考文献

［1］ 娄岳. 水库调度与运用[M]. 北京：中国水利水电出版社，1995.

［2］ 武鹏林，霍德敏，马存信，等. 水利计算与水库调度[M]. 北京：地震出版社，2000.

［3］ 郭生练. 水库调度综合自动化系统[M]. 武汉：武汉水利电力大学出版社，2000.

［4］ 席少霖，赵凤治. 最优化计算方法[M]. 上海：上海科技出版社，1983.

［5］ 张福德，陈玉莲. 规划论及其程序设计[M]. 长春：吉林大学出版社，1985.

［6］ 张超. 水资源系统动态规划[M]. 北京：水利电力出版社，1986.

［7］ 梁忠民，钟平安，华家鹏. 水文水利计算[M]. 北京：中国水利水电出版社，2008.

［8］ 宋萌兵，陈吉琴. 水库调度与管理[M]. 郑州：黄河水利出版社，2013.

［9］ 张松达，夏国团，王士武，等. 水库群联合调度实用方法与应用[M]. 杭州：浙江大学出版社，2013.

［10］ 李益民. 段佳美. 水库调度[M]. 北京：中国电力出版社，2014.

［11］ 邹进. 水资源系统运行与优化调度[M]. 北京：冶金工业出版社，2006.

［12］ 冯尚友. 水资源系统工程[M]. 武汉：湖北科学技术出版社，1991.

［13］ 王建武. 水资源与水环境系统[M]. 北京：科学出版社，2004.

［14］ 薛惠锋. 水资源与水环境系统[M]. 北京：国防工业出版社，2008.

［15］ 刘柏青. 水利工程管理自动化[M]. 湖北：武汉大学出版社，2002.

［16］ 吴学文. 考虑生态的多目标水电站水库混沌优化调度研究[M]. 北京：中国水利水电出版社，2011.

［17］ 陈森林. 水电站水库运行与调度[M]. 北京：中国电力出版社，2008.

［18］ 左其亭. 水资源规划与管理 [M]. 2 版. 北京：中国水利水电出版社，2014.

［19］ 曹广晶，蔡治国. 三峡水库综合调度管理综述[J]. 中国三峡建设，2008，14(3).

［20］ 张松达. 水库群联合调度实际方法与应用[M]. 杭州：浙江大学出版社，2013.

［21］ Chen S H，Lin Y H，Chang L C，etal. 2006. The strategy of building a flood forecast model by neuro-fuzzy network. Hydrol. Process.，20：1525 - 1540. doi:10.1002/hyp.5942.

［22］ Duan Q，Ajami N K，Gao X，etal. 2007. Multi-model ensemble hydrologic prediction using Bayesian model averaging. Advances in Water Resources，30(5)：1371-1386.

［23］ Demissie Y K. 2008. Data-driven models to enhance physically-based groundwater model predictions. Ph. D. diss.，University of Illinois at Urbana-Champaign.

［24］ Rasouli K，Hsieh W W，Cannon A J. 2012. Daily streamflow forecasting by machine learning methods with weather and climate inputs. Journal of Hydrology，414：284-293.

［25］ Hsu K L，Gupta H V，Sorooshian S. 1995. Artificial neural network modeling of the rainfall-runoff process. Water resources research 31(10)：2517-2530.

［26］ Sudheer K P，Gosain A K，Ramasastri K S. 2002. A data - driven algorithm for constructing artificial neural network rainfall - runoff models. Hydrological Processes，16(6)：1325-1330.

[27] Corzo G, Solomatine D. 2007. Baseflow separation techniques for modular artificial neural network modelling in flow forecasting. Hydrological sciences journal, 52(3): 491-507.

[28] Solomatine D P, Dulal K N. 2003. Model trees as an alternative to neural networks in rainfall—runoff modelling. Hydrological Sciences Journal, 48(3): 399-411.

[29] Vapnik V. 1998. Statistical learning theory. John Wiley and Sons, New York.

[30] Carl Edward Rasmussen, Christopher K I Williams. 2006. Gaussian processes for machine learning. The MIT Press, Cambridge, MA, USA.

[31] Dan Lu, Ming Ye, Philip D Meyer, etal. 2013. Effects of error covariance structure on estimation of model averaging weights and predictive performance. Water Resources Research, 49(9).

[32] Moradkhani H, Sorooshian S. 2008. General review of rainfall-runoff modeling: model calibration, data assimilation, and uncertainty analysis. InHydrological Modelling and the Water Cycle (pp. 1-24). Springer Berlin Heidelberg.

[33] Liu Y, Gupta H V. 2007. Uncertainty in hydrologic modeling: Toward an integrated data assimilation framework. Water Resources Research, 43(7).

[34] Hoeting J A, Madigan D, Raftery A E, etal. 1999. Bayesian model averaging: a tutorial. Statistical science, 382-401.

[35] Vrugt J A, Robinson B A. 2007. Treatment of uncertainty using ensemble methods: Comparison of sequential data assimilation and Bayesian model averaging. Water Resources Research, 43 (1), W01411.

[36] Weerts A H, El Serafy G Y. 2006. Particle filtering and ensemble Kalman filtering for state updating with hydrological conceptual rainfall - runoff models. Water Resources Research, 42(9).